例題 **100**で しっかり学ぶ

改訂第2版

メディアリテラシー

標準テキスト

メディアとインターネットを
理解するための基礎知識

定平誠 著

技術評論社

Webアプリの使い方
―例題をWebアプリで解く方法について―

●本書内のQ&A100問（例題）は、Webアプリでも解くことができます。Webアプリの使い方は、下記を参照してください。

https://gihyo.jp/book/2023/978-4-297-13271-2/support

●Webアプリの使用は、必ずお客様自身の責任と判断によって行ってください。Webアプリを使用した結果生じたいかなる直接的・間接的損害も技術評論社、著者、Webアプリの開発者およびWebアプリの制作にかかわったすべての個人と企業は、一切その責任も負いかねます。

はじめに

　ICTの進展に伴い、IoT、クラウドコンピューティング、ビックデータ、AI、電子決済、DX、メタバース、ブロックチェーンなどのセキュリティ対策が仕事や生活の中で欠かすことのできない存在になりました。

　このような現代社会の生活の中で求められるのが、メディアリテラシーです。メディアリテラシーとは、さまざまな情報メディアから必要な情報を引き出し、その真偽を見抜き、活用する能力のことを言います。メディアリテラシーが欠けていると様々なトラブルに遭遇し、適切な対応がとれなくなります。自分だけでなく、人にも多大な迷惑をかけることになります。また、犯罪に巻き込まれることもあります。コンピューターやインターネットを正しく安全に使うためにはメディアリテラシーの能力が求められます。

　本書は、このメディアリテラシーをしっかりと身につけるための参考書です。メディアとインターネットを理解するための基礎知識に加え、インターネットを中心としたICTやIoTを安全に使うことができるような情報モラル、コミュニケーションとメディア、情報セキュリティ、著作権を実用的な事例をもとにわかりやすく解説しています。

　本書の特徴は次のような点にあります。

① 「メディアを理解するための基礎知識」、「インターネットを理解するための基礎知識」、「情報モラルを理解する」、「コミュニケーションとメディアを理解する」、「情報セキュリティを理解する」、「著作権を理解する」の6部構成になっている。
② 章ごとにいくつかの項目を設け、その項目ごとにわかりやすく「要点」を解説している。
③ 各所に図解やイラストがあるので、解説内容をイメージしやすい。
④ 「例題100」によって、学習のポイントを確認することができる。

　本書は小中学校の情報科目の参考書、さらには高等学校、専門学校から大学までの学習書としても最適です。

　本書がメディアリテラシーの知識の習得の一助となり、ICT社会の生活の中で有効に活用されることを願っています。

2022年12月　　定平　誠

Contents

Chapter #03 情報モラルを理解する

Chapter #04 コミュニケーションとメディアを理解する

Chapter #05　情報セキュリティを理解する

Chapter #06　著作権を理解する

Contents

Chapter

#01

メディアを理解するための基礎知識

アナログとデジタル

アナログとデジタルの違い

アナログとデジタルの違いとは何でしょう。

アナログとは「数値を連続的に変化する量で表す」ことで、**デジタル**とは「数値を段階的に区切って数字で表す」ことです。アナログは**連続的**、デジタルは**離散的（不連続）**とも表現されます。

下のアナログとデジタルの波形の図を見てください。アナログの波形は連続的に切れ目なく事象全体を捉えて数値で表すので、線がつながっているのに対し、デジタルの波形は部分的に切り出し、数字に置き換えて表すので、線が切れています。

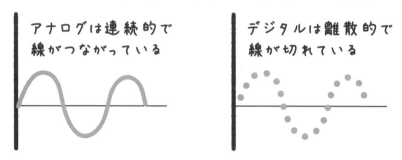

アナログで描いた図形とデジタルで描いた図形を比較してみましょう。

アナログで描いた図形は、連続しているため、どんなに拡大してもアウトラインが線状に見えますが、デジタルで描いた図形は、不連続なので、アウトラインが線状に見えていても拡大していくと、どこかで階段状（デコボコ）になっていることがわかります。

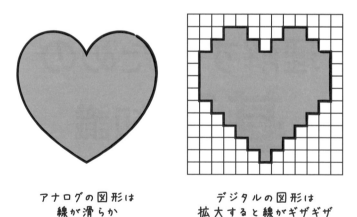

具体的に身近なものの例を挙げてみます。レコードに記録されている音楽はアナログで、CDやDVDに保存されている音楽はデジタルです。フイルムで撮った写真はアナログで、スマートフォンやデジタルカメラで撮った写真はデジタルです。

時計の例で、もう少し詳しく解説しましょう。

　長針、短針、秒針があり、それらの針が流れるように動く時計はアナログで、1秒または1分ごとに数値表示を変えていく時計はデジタルです。

　アナログ時計は、秒針の動きを見ればわかりますが、値の変化は連続的です。それに対して、デジタル時計は1分ごとに値が変化しています。デジタル時計の場合、10：45の次は10：46に一瞬で変化します。本来その間には「10時45分30秒」や「10時45分31秒」…さらには、「10時45分30秒1」や「10時45分30秒2」のようにより詳細な時間が存在しますが、デジタルの数値表現はそこを区切って表示します。

アナログ時計は
値の変化が連続的

デジタル時計は
1分ごとに値が変化

アナログとデジタルの特性

　アナログは連続的で、デジタルは離散的（不連続）だと説明をしました。それ以外の点では、アナログとデジタルにはどのような違いがあるのでしょうか。

　時計の例をもう一度考えてみましょう。

　アナログ時計は、全体を見ただけで「10時8分くらい」だとおおまかに時間がわかりますが、デジタル時計は、「10時45分」とその表示された値で正確に時間がわかります。

　このようにアナログには「曖昧さ」という特性があり、デジタルには「正確さ」という特性があります。

　アナログとデジタルの特性についてまとめてみます。

● **アナログ**
　　直感的なデータ表示／微妙なニュアンスの表現が可能／情報量が多い／不正確である／劣化、変質しやすい／ノイズが入りやすい
● **デジタル**
　　正確なデータ表示／細かなニュアンスの表現がしづらい／劣化、変質しにくい／保存性が高い／保存、複製、伝達、共有、整理、加工がしやすい

文字コード

　文字をコンピューターで扱うために個々の文字や記号にそれぞれの番号を割り当てます。例えば、「A」という文字を「10」、「B」という文字を「11」という具合に、番号でコード化してコンピューターで処理をします。この文字とコードとの対応規則をまとめたものを**文字コード**と言い、この割り当てる方法として、シフトJISコード、Unicodeなどいろいろな種類があります。

　コンピューターで使われる文字コードは、「半角アルファベット」「半角数字」「半角カナ」のように1文字のデータ量を1バイトのデータで表す**1バイトコード**と「平仮名」「全角カナ」「漢字」のように1文字のデータ量を2バイトのデータで表す**2バイトコード**に大別されます。

サイズ	コード名称	概要
1バイト	ASCIIコード	英数字、記号文字の7ビットのコードと1ビットの制御コードで構成されている。
	JISコード	7ビットの「ローマ字用7単位符号」と8ビットに拡張した「ローマ字・片仮名用8単位符号」がある国内規格。
2バイト	JIS漢字コード	1バイトのJISコードに第1水準漢字と第2水準漢字をあわせて6879文字のコードを規定した国内規格。
	シフトJISコード	文字の先頭の8ビットで半角文字か全角文字かを区別する日本語を含む文字を表す国内規格の文字コード。Windowsコンピューターに採用され、標準の日本語文字コードとして採用されることで広く普及した。
	Unicode	全世界の文字コードを2バイトコードに割り当てた世界標準の文字コード。現在のWindowsやMacOSコンピューターでは標準文字コードになっている。

　なお、**ビット**とは、コンピューターで扱うデータの情報量を表す最小単位のことです。このビット数が増えれば増えるほど、扱える数が増えていきます。コンピューターは、データを2進数で扱うので、1ビットは「0」と「1」の2通り、2ビットは「00」、「01」、「10」、「11」の4通り、8ビットは「00000000」から「11111111」までの256通りの数を扱うことができます。

　このビット数で表現すると桁数が大きくなってしまうので、**バイト**という単位がよく使われます。**8ビット=1バイト**です。

　文字や画像など、すべての情報はこのビットの組み合わせで表現されています。

フォント

デザインした文字のスタイルのことを**書体**と言い、明朝体、ゴシック体、毛筆体、楷書体、ポップ体など、さまざまな種類があります。また、書体ごとにまとめられた大文字・小文字・数字・記号類のセットのことを**フォント**と言います。

「書体」と「フォント」は本来は異なったものを意味する言葉ですが、現在は同じ意味として使われることが多く、一般的に「フォント」は「書体」を含む言葉として使われています。

文字の形状を数値化する方法の違いによって、フォントには次の2つがあります。

＞ビットマップフォント

文字を点（ドット）の集まりで表現するフォントを**ビットマップフォント**と言います。数字や文字の形状をドットの有無で表すという単純なしくみのため、コンピューターでの処理が速く、コンピューターが登場した初期から使われているフォント形式です。

フォントを構成するドットの数が多いほどなめらかできれいな形状になりますが、文字を構成するドットの数が決まっているため、文字を拡大するとドット自体のサイズも大きくなり、**ジャギー**（階段状のギザギザ）が目立つようになります。

＞アウトラインフォント

文字の輪郭線を直線と円弧などの数式で表現するフォントを**アウトラインフォント**と言います。フォントのサイズに応じて計算し直して表示するため、ビットマップフォントよりもコンピューターでの処理に時間がかかりますが、拡大、縮小してもビットマップフォントほどジャギーが目立たず、なめらかな曲線になります。

アウトラインフォントには、代表的なものに**TrueTypeフォント**、**PostScriptフォント**、**OpenTypeフォント**の3つがあり、それぞれの特性にあわせて使い分けられています。

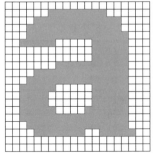

ビットマップフォントは
ドットの集まりで表す

アウトラインフォントは
輪郭を数式で表す

コンピューターでの画像の扱い

画像の解像度

　画像を構成する色情報を持たない最小単位の点を**ドット**と言い、色情報を持つ最小単位のマス目を**ピクセル**、または**画素**と言います。

　1インチ（2.54センチ）の一辺にいくつドットまたはピクセルが並んでいるかを数値で表したものを**解像度**と言います。解像度は、ドットで表現される場合には**dpi（dots per inch）**、ピクセルで表現される場合には**ppi（pixels per inch）**という単位で表します。

　解像度を表す数値によって「解像度が高い」、「解像度が低い」と表現し、解像度が高くなればなるほどより滑らかできれいな画像になりますが、データサイズは大きくなります。

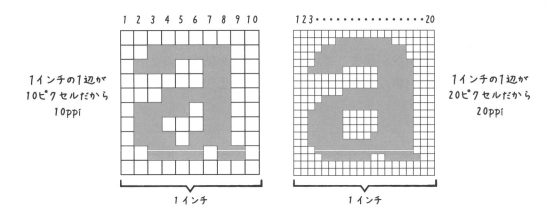

　dpiとppiは、ほぼ同じ意味で使われますが、厳密には、次のような違いがあります。

　dpiはプリンターなどの出力装置の解像度を表す単位として使われ、印刷物の1インチのなかにドットがどれだけあるかを表します。それに対して、ppiは画像の解像度を表す単位として使われ、ディスプレイ上で1インチの中にピクセルがどれだけあるかを表します。

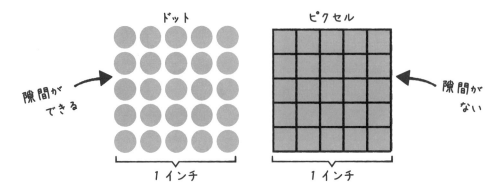

画像の表現形式

画像を表現する形式には、次の2つがあります。

＞ ラスタ形式

1ピクセルごとに色や濃度の情報を記録し、その色のついた点を集めて表現する画像の表現形式を**ラスタ形式**と言います。

ラスタ形式の画像を扱うソフトウェアを**ペイントソフト**と言い、代表的なものにAdobe Systems社のPhotoshopがあります。

この形式の画像は、色のついた点のみで表現されているので、写真などの複雑な描画の画像を表現するのに適しており、Webサイトで表示する画像の形式にはラスタ形式がよく使われます。しかし、拡大をしたり、縮小をしたりするとジャギーが表れて画像が乱れてしまったり、劣化してしまったりするという欠点があります。

解像度が高くなればなるほど、点の数も増えていくので画像は鮮明になりますが、データサイズも大きくなります。

＞ ベクタ形式

複数の点（アンカー）の位置やそれを結んだ線、色、カーブなどを数値化して表現する画像の表現形式を**ベクタ形式**と言います。

ベクタ形式の画像を扱うソフトウェアを**ドローソフト**と言い、代表的なものにAdobe Systems社のIllustratorがあります。

この形式の画像は、イラストなどの描画に適しています。数値化して記録することにより、ラスタ形式よりもデータサイズを小さくできるという特性があります。また、直線や曲線などを数式として扱っているので、拡大をしたり、縮小をしたりしても画像が乱れることなく表現することができ、劣化することもありません。しかし、写真などの複雑な画像を描くためには、数多くの数式が必要となるためあまり適していません。複雑なものを描くためには、線もたくさん必要になるため、データサイズが大きくなります。

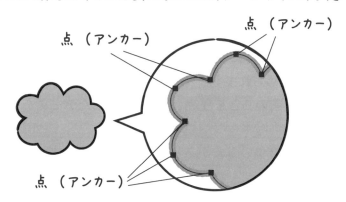

画像の色表現の形式

　画像の色の表現形式には、RGBとCMYの2つがあります。

　RGBは**光の3原色**と呼ばれるもので、コンピューターのディスプレイやテレビで色を表現する際に使われます。Red（赤）、Green（緑）、Blue（青）の3色を混ぜてすべての色を表現します。

　光の3原色は、混ぜれば混ぜるほど明るくなっていくことから**加法混色**と言われます。

　一方、CMYは**色の3原色**と呼ばれ、プリンターなどの出力装置で色を表現する際に使われます。Cyan（水色）、Magenta（赤紫）、Yellow（黄色）の3色にKey plate（黒）を混ぜてすべての色を表現します。そのためCMYではなく**CMYK**と表現されることもあります。黒（Black）の頭文字がBlueと重なるため、黒をKey plateと表現しています。

　色の3原色は、混ぜれば混ぜるほど暗くなっていくことから**減法混色**と言われます。

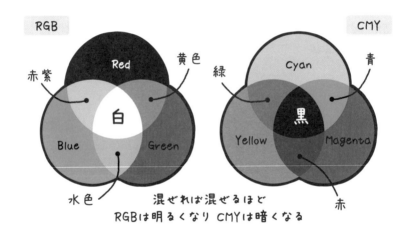

データの圧縮

　データを一定の規則に従って、目的に応じた符号に変換することを**エンコード**または**符号化**とも言い、エンコードされたデータを元の状態に戻すことを**デコード**、または**復元**、**復号**とも言います。

　画像データや動画データは、情報量が多く、データサイズが大きくなるので、保存しやすく、また使用しやすくするためにデータの質を保ったまま、情報量を減らしてデータサイズを小さくすることが求められます。

　この情報量を減らす作業のことを**圧縮**と言い、圧縮したデータを元に戻すことを**解凍**、または**展開**と言います。

　データの圧縮には、次の2つの方式があります。なお、圧縮していないことを**非圧縮**と言います。

＞可逆圧縮

データの圧縮方式の中で、エンコード（圧縮）したデータをデコード（解凍）したときに、完全に元に戻すことができる圧縮の方式を**可逆圧縮**と言います。圧縮前のデータと、解凍後のデータが等しくなる方式です。

テキストなどのデータのように多少のデータの欠落でも内容が変わってしまうものに対して有効な圧縮方法です。

圧縮前の情報量を減らすことなくそのまま圧縮するので、それほど圧縮効率は高くありません。

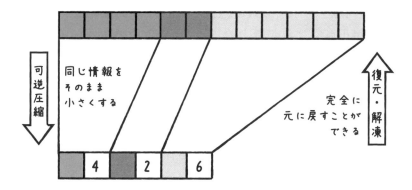

＞非可逆圧縮

データの圧縮方式の中で、エンコード（圧縮）したデータをデコード（解凍）したときに、一部のデータの欠落や改変が生じ、完全には元に戻すことができない圧縮の方式を**非可逆圧縮**と言います。圧縮前のデータと、解凍後のデータが等しくならない方式です。

音声、動画、画像などのデータのように多少データが欠落したとしても伝達される内容や意味が変わることがないものに対して有効な圧縮方法です。

圧縮前の情報から、人間が気付かない程度に情報を削って圧縮するので、圧縮効率は高くなります。

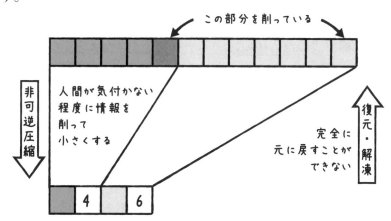

画像のファイル形式

画像の代表的なファイル形式には、次の5つがあります。

＞BMP形式（ビットマップ）

非圧縮方式の画像ファイル形式なので画像の劣化はありませんが、データサイズは膨大になります。Windowsの標準画像保存形式です。

＞GIF形式（ジフ）

可逆圧縮方式の画像ファイル形式で、色数を256色までに減色し、データを圧縮します。データサイズが小さいことが最大の特徴です。色数の少ないイラストなどの画像データやロゴやアイコンなどの画像データに適していますが、色数の多い写真データなどには不向きな形式です。

＞JPEG形式（ジェイペグ）

非可逆圧縮方式の画像ファイル形式で、上書き保存やサイズを変更して保存すると画像データが劣化します。フルカラー（約1677万色）を扱えるので色数を多く必要とする写真データに適していますが、画像のアウトラインや輪郭がはっきりと表現しにくいので、イラストやアニメのような輪郭をシャープに描きたい画像データには不向きな形式です。デジタルカメラやスマートフォンでの画像保存に多く使われています。

＞PNG形式（ピング）

可逆圧縮方式の画像ファイル形式で、画像を劣化させることなく圧縮することができます。GIFと同じ256色対応の8ビットのPNG-8とフルカラー対応で24ビットのPNG-24、PNG-24に透過情報を持たせたPNG-32の3種類があります。

PNG-8はGIFとほぼ同じ圧縮機能を持ち、PNG-24はJPEGと同じフルカラー画像を扱えますが、JPEGではできなかった写真や図形の輪郭をはっきり表現することができます。ただし、可逆圧縮方式のためJPEGよりもデータサイズが大きくなります。PNG-32は、透明情報を持たせることでより多彩な表現が可能です。

＞TIFF形式（ティフ）

データの先頭部に詳細な画像情報を付けているので、多くのアプリケーションソフトで編集できる互換性の高い画像形式ですが、データサイズは大きくなります。

非圧縮で保存ができるので、JPEGのように保存のたびに劣化することもなく、圧縮する場合も圧縮方法を選ぶことができるので、高い解像度が必要な場合に適しています。

コンピューターでの動画の扱い

動画の編集

動画の編集方法には、次の2つがあります。

リニア編集

アナログ動画はビデオテープを使って撮影し、撮った映像はビデオデッキを使って再生します。アナログ動画の編集は、ビデオテープを録画、再生用の機器に入れ、プレビュー用のモニターを見ながら行います。編集が終われば同時に作品も完成します。このアナログ動画の編集方法を**リニア編集**と言います。

アナログ動画を編集するには再生デッキのほかに編集用の機材が必要です。編集作業は必要な部分をダビングしてつなげるだけなので、簡単な操作で短時間で編集することができます。

アナログ動画の最大のデメリットは劣化です。時間が経つと、カビや摩耗によりビデオテープが傷つき、映像にノイズが入ってしまいます。コピーを繰り返すと物理的な消耗により映像が劣化します。マスターテープが劣化してしまうと、二度と元の形に復元することはできません。

ノンリニア編集

現在主流となっているデジタル動画は、レンズから入ってきた光を撮像素子でデジタル化し、映像データにします。デジタル化した映像データはアナログ動画でいうビデオテープにあたります。撮影素子が高密度になれば高画質になります。

デジタル動画をコンピューターに取り込んで（**ビデオキャプチャー**）編集する方法を**ノンリニア編集**と言います。コンピューターでデジタル動画を編集するソフトウェアを**動画編集ソフト**、または**ビデオ編集ソフト**と言い、代表的なものにAdobe Systems社のPremiereやCyberLink社のPower Directorがあります。

ノンリニア編集をする動画はデジタル化されているので、リニア編集ではできなかったカットの追加やシーンの差し替えが自由にできる、多彩な特殊効果をつけることができる、編集を繰り返しても画質が劣化しないという特徴があります。ただし、データサイズは大きいので、編集のためには、大容量のハードディスクと高速のCPUを備えたコンピューターが必要になります。

デジタル動画の最大のメリットは劣化しにくいことです。保存性が高く、復元しやすく、コピーしやすいという特性があります。

動画の品質

　動画の品質は、これから説明する「ビットレート」「フレームレート」「画面解像度」に
よって変わります。インターネットで動画配信する場合には、配信側、視聴側の双方に無
理のない適切な品質を決めることが大切です。

▶ ビットレート

　1秒間に流れるデータのビット数（データ量）を**ビットレート**と言い、通信回線などの
データ転送速度の指標として使われます。

　単位は**bps (bit per second)** で表します。例えば、10bpsだと、1秒間に10ビット
のデータを流すことができ、200bpsだと、1秒間に200ビットのデータを流すことができ
ます。ビットレートの数値が大きければ大きいほど、1秒間にたくさんのデータを流すこ
とができ、滑らかで綺麗な動画映像になりますが、データサイズが大きくなります。

　ビットレートは「映像」と「音声」それぞれに割り当てることができ、映像に割り当て
るビットレートの数値を大きくすれば画質はよくなり、音声に割り当てるビットレートの
数値を大きくすれば音質がよくなります。

▶ フレームレート

　動画は静止画の集まりです。静止画を連続して見せることで動いているように見える
のが動画です。動画ではこの静止画のことを**フレーム**、1秒間に表示されるフレーム数
を**フレームレート**と言い、動画の滑らかさを表す指標として使われます。

　単位は**fps (frame per second)** で表します。例えば、100枚の絵を10秒かけて
表示すれば、10fps（1秒に10枚の静止画を表示）、500枚の絵を10秒かけて表示すれば、
50fps（1秒に50枚の静止画を表示）と表します。フレームレートの数値が大きければ大
きいほど、動きが滑らかになります。テレビの場合は30fps、映画の場合は24fps、アニメ
の場合が12〜20fpsです。Webサイトで配信される動画は、12〜24fpsが主流です。

❯画面解像度

　画面の横と縦の大きさを**画素数（ピクセル）**で表したものを**画面解像度**と言います。例えば、640×480という表記であれば、横に640、縦に480の画素（ピクセル）があるということを表し、それぞれの数値を掛け合わせたものが総画素数になります。

　画面解像度は、VGA（640×480）、XGA（1,024×768）、HD（1,280×720）、Full-HD（1,920×1,080）、4K UHD（3,840×2,160）、8K UHD（7,680×4,320）というように呼ばれ、縦横の数値をそれぞれ表示します。なお、4Kや8Kの「K」とは、「1,000」のことで、横方向の解像度にあわせて4K（3,840）や8K（7,680）と呼ばれます。

　解像度の横と縦の比率のことを**アスペクト比**と言います。もともとはVGA（640×480）のように「4：3」の比率が主流でしたが、HD（1,280×720）のように「16：9」の比率が、現在の主流になっています。ほかにも「5：4」や「16：10」などの比率のものもあり、スマートフォンやタブレットなどは、さらに独自の比率になっています。

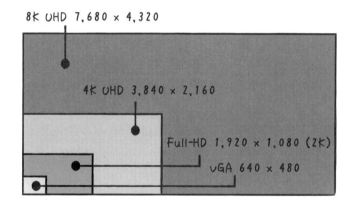

動画データの配信

　インターネット上で動画を配信する方式には、次の2つがあります。

❯ダウンロード方式

　ダウンロード方式とは、サーバーから送られてきた動画データを視聴者側のコンピューターにすべてダウンロードしてから再生する方式です。

　動画データをダウンロードしてしまえば、動画データは受信者側のコンピューターに保存されるので、再生するためにインターネットに接続する必要はありません。ただし、すべてのデータのダウンロードが終了するまで再生することはできず、データサイズが大きいとダウンロードが終了するまでに時間がかかります。また、動画データが視聴者側のコンピューターに残るので、動画データのコピーや改ざんをすることが可能です。そのため利用の仕方によっては、著作権に問題が生じる危険性があります。

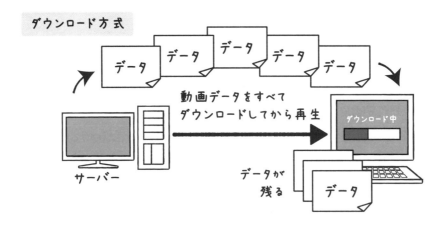

＞ストリーミング方式

ストリーミング方式とは、サーバーから送られてきた動画データを視聴者側のコンピューターにダウンロードしながら、順次再生していく方式です。

ストリーミング方式には**オンデマンド型**と**ライブ型**があります。オンデマンド型は、サーバーに置かれた動画データにアクセスすることで、見たいときにいつでも見ることができます。ライブ型は、決まったスケジュールでリアルタイムにデータが配信されます。スポーツの試合中継や記者会見の中継などの際に利用されます。

動画データをすべてダウンロードし終わるまで待つ必要はなく、待ち時間をあまり感じることなく再生できますが、動画を見るときには毎回、インターネットに接続しなければなりません。

「動画データをダウンロードする」という点では、ダウンロード方式もストリーミング方式も同じですが、ストリーミング方式は、動画データを断片的に少しずつ、「キャッシュ」という一時ファイルの形でダウンロードする一時的な保存形式ですので、再生が終われば動画データは、順次削除されていきます。そのため、視聴者側のコンピューターのディスク容量をそれほど必要とせず、また動画データが残らないので、著作権に問題が生じる危険性も少なくなります。

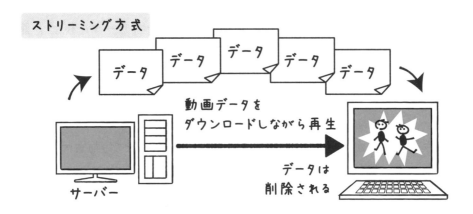

動画のファイル形式

　動画データのファイル形式は多数存在し、動画を再生するプラットフォームやデバイスも多数存在するので、ひとつの動画ファイル形式ですべてをカバーする完璧な形式はなく、利用目的に合わせてファイル形式を選ぶ必要があります。

＞AVI形式 (エーブイアイ)

　Microsoft社が開発したWindows用の動画ファイル形式です。かつては最良のファイル形式とされていましたが、より圧縮効率の高いフォーマットが登場したことで、一時よりは使われなくなりました。それでもさまざまな環境との互換性があり、その汎用性の高さから今でも多く使用されています。

＞MOV形式 (エムオーブイ)

　Apple社が開発したMac用のファイル形式で、Quick Time Playerに対応しています。Apple社製品での標準メディアファイル形式として使用されており、iPhoneで撮影した動画形式はMOVファイルが使われています。主要なファイル形式のひとつとしてデジタルカメラやソフトウェアなどでも多く使われています。

＞WMV形式 (ダブリューエムブイ)

　WMVは、Windows Media Videoの略で、Microsoft社が開発したストリーミング配信用の動画ファイル形式です。圧縮率が高く、動画配信サービスで広く利用されています。Windowsに標準装備されているWindows Media Playerに対応しています。

＞MP4形式 (エムピーフォー)

　MPEGの動画圧縮規格のひとつで、高画質で圧縮率も高い動画ファイル形式です。さまざまな形式の動画ファイルや音声データをひとつのファイルにまとめることができます。WindowsとMacOSに標準サポートされていることで広く利用され、YouTube、ニコニコ動画などで利用されています。

＞FLV形式 (フラッシュビデオ)

　FLVは、Flash Video Formatの略で、Adobe Systems社が開発した動画ファイル形式です。Flash Playerによってブラウザー上で再生することができます。YouTube、ニコニコ動画などで利用されています。
　汎用性が高く、よく利用される形式のひとつですが、Adobe Systems社が、サポート終了を発表したので、今後はあまり使われなくなる可能性が高い形式です。

音のデジタル化

　レコード盤やカセットテープはアナログの連続した音の波をそのまま記録します。レコード盤では溝に刻まれ、カセットテープでは磁気に記録されます。

　アナログ方式で収録した音は連続した波形をそのまま収録しているので、元の音をそのまま再生できます。そのため、デジタルよりも音が優れているとも言えます。しかし、動画と同様、アナログの最大のデメリットは劣化です。レコード盤やカセットテープが摩耗したり、傷ついたり、歪んだりすると音も劣化します。

　それに対して現在主流のCD、DVD、BDといった光ディスクはアナログの音の波形をデジタルに変換して記録しています。そのため、劣化しにくく、保存性が高い、復元しやすい、コピーしやすいという特性があります。

　アナログの音の波をデジタル情報に変換するときは、次のような手順で行います。

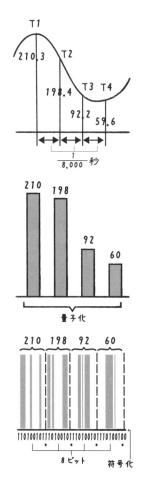

①サンプリング

　アナログの音の波形を一定間隔ごとの時間で細かく区切り計測します。これを**サンプリング（標本化）**と言います。

　右の図は、1秒間に8,000回サンプリングをした例です。

②量子化

　サンプリングした波形の高さを整数値に変換します。これを**量子化**と言います。

　右の図は、256段階に分割して変換をした例です。

③符号化

　量子化した整数値を2進数に変換します。これを**符号化**と言います。

　右の図は、8ビットに変換をした例です。

このように、収録したアナログの音楽や音声などの音の波をデジタルデータに変換する方法のひとつに**PCM (Pulse Code Modulation：パルス符号変調)** があります。

CD音源はこのPCMによって音声をデジタル化したもので、サンプリング周波数が44.1kHz（1秒間に44,100個）、ビット数は16bitで記録されています。

サンプリング、量子化と符号化によって、音をアナログからデジタルに変換することを**A/D (アナログ/デジタル) 変換**と言います。また、その反対にデジタルからアナログに変換することを**D/A (デジタル/アナログ) 変換**と言います。

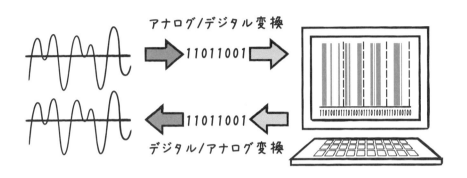

音の編集

収録した音をコンピューターに取り込み、デジタル化した音を編集し保存するまでを行うソフトウェアを**音声編集ソフト**、または**オーディオ編集ソフト**と言います。

収録した音のノイズや不要な音を消したり、音を分割、結合したり、音量の調整や効果音を付けたり、複数の音を取り込み調整するミキシングなどの編集作業を行うことができます。代表的なものにAdobe Systems社のAuditionがあります。

音の品質

音の品質として、CDに収録されている音源（**CD音源**）とそれよりも高音質な音源（**ハイレゾ音源**）があります。ハイレゾ音源とは「High-Resolution Audio」の略で、解像度の高い音源です。

CD音源のサンプリング周波数と量子化ビット数が「44.1kHz/16bit」であるのに対し、ハイレゾ音源は「96kHz/24bit」や「192kHz/24bit」で、CD音源を上回る情報量を持っています。

CDの音源の場合、人間が聞こえない周波数領域（最小可聴レベル）はカットし記録していませんでしたが、ハイレゾ音源ではこのCDに入らなかった音を残しています。これにより、CDでは味わえなかった音の臨場感や深みがハイレゾ音源では感じられます。

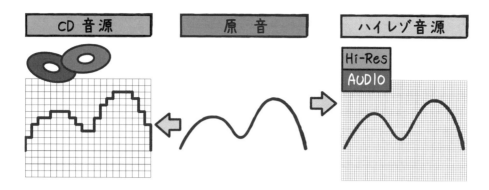

音のファイル形式

　音のデータの代表的なファイル形式として、次の5つを紹介します。それぞれの形式によってそれぞれの特性があるので、利用目的に合わせてファイル形式を選ぶ必要があります。

❯WAV形式（ウェーブ・ワブ）

　Microsoft社が開発した音声ファイル形式でWindows標準の形式です。音質の劣化がほとんどありませんが、データサイズは大きくなります。非圧縮なので音声編集ソフトで手軽に編集することができます。

❯AIFF形式（エーアイエフエフ）

　Apple社が開発した音声ファイル形式でMacOS標準の形式です。WAV形式同様、非圧縮なので音声編集ソフトで手軽に編集することができます。

❯MP3形式（エムピースリー）

　非可逆圧縮方式の音声ファイル形式です。原音の1/10程度に圧縮できることもあり、高音質でデータサイズも小さいことから、汎用性の高い形式です。

❯AAC形式（エーエーシー）

　MP3の後継の非可逆圧縮方式の音声ファイル形式です。MP3よりデータサイズは大きくなりますが、音質はよくなります。携帯音楽プレーヤーで利用されるため、広く普及しており、不正コピー防止機能を備えていることもひとつの特徴です。

❯FLAC形式（フラック）

　可逆圧縮方式の音声ファイル形式です。ハイレゾ音源に使用される形式のひとつです。圧縮率はあまり高くなく、データサイズは原音の1/2程度です。

Question 01

デジタルの特性としてふさわしくないものは、次のうちどれでしょうか。

①正確である　　②拡散的（不連続）　　③劣化する　　④加工しやすい

Answer 01

デジタルは数値データで表現するので劣化はしません。

③の「劣化する」が正解です。

Question 02

文字コードにはいくつかの種類がありますが、世界標準として使われている文字コードは、次のうちどれでしょうか。

①ASCIIコード　　②JISコード　　③シフトJISコード　　④Unicode

Answer 02

①の「ASCIIコード」は、ANSI（米国規格協会）が制定した英数字を表す文字コードです。②の「JISコード」は日本語用文字コードで、JIS（日本工業規格）が制定しました。③の「シフトJISコード」は、JISコードをもとに改良が加えられたもので、マイクロソフトが策定したものであることからWindowsでよく使われます。

④の「Unicode」が正解です。

Question 03

画像の色情報を持つ最小単位のマス目のことを表すのは、次のうちどれでしょうか。

①ドット　　②ピクセル　　③dpi　　④ppi

Answer 03

画像を構成する色情報を持たない最小単位の点を「ドット」、色情報を持つ最小単位のマス目を「ピクセル」または「画素」と言います。

「dpi」、「ppi」は、解像度を表す単位です。

②の「ピクセル」が正解です。

Question 04

ディスプレイで使われる光の3原色RGBにおいて、赤（R）と緑（G）を混ぜ合わせるとできる色は、次のうちどれでしょうか。

①水色　　②黄色　　③赤紫色　　④黒

Answer 04

赤（R）と緑（G）を混ぜると黄色、緑（G）と青（B）を混ぜると水色、青（B）と赤（R）を混ぜると赤紫になります。また、赤、緑、青の3色を混ぜると白になります。

②の「黄色」が正解です。

Q&A

Question 05

圧縮されたデータをもとに戻すことを表す言葉は、次のうちどれでしょうか。

①エンコード　　②復号　　③解凍　　④コード化

Answer 05

③の「解凍」が正解です。

Question 06

画像のファイル形式でないものは、次のうちどれでしょうか。

①GIF　　②WMV　　③JPEG　　④PNG

Answer 06

「WMV」は画像のファイル形式ではなく動画のファイル形式です。
②の「WMV」が正解です。

Question 07

動画配信方法として、サーバーから送られてきた動画データを視聴者側のコンピューターにすべてダウンロードしてから再生する方法は、次のうちどれでしょうか。

①プログレッシブダウンロード方式　　②ストリーミング方式

③ダウンロード方式　　④ライブストリーミング方式

Answer 07

②の「ストリーミング方式」は、サーバーから送られてきた動画データを視聴者側のコンピューターにダウンロードしながら順次再生していく方法です。

①の「プログレッシブダウンロード方式」は、③の「ダウンロード方式」のひとつで データをコンピューターにダウンロードしながら同時に再生する方式です。「ストリーミング方式」に近いですが、再生したファイルがコンピューターに残ります。

④の「ライブストリーミング方式」は、②の「ストリーミング方式」のひとつで、インターネット回線を使った生中継、生配信のことです。

③の「ダウンロード方式」が正解です。

Question 08

アナログ方式で収録した音声などをデジタル化するために用いられるPCM（パルス符号変調）において、音の信号を一定の周期でアナログ値のまま切りだす処理は、次のうちどれでしょうか。

①暗号化　　②標本化　　③符号化　　④量子化

Answer 08

②の「標本化」が正解です。

Chapter

#02

インターネットを
理解するための
基礎知識

インターネット

　世界中のコンピューターを繋ぎ、お互いに情報のやり取りを行えるようにしたネットワークのことを**インターネット**と言います。

　1990年頃から普及し、世界中に情報を発信できるようになり、仕事だけでなく生活にも欠かすことのできない社会インフラとなりました。最近ではコンピューターだけでなく、スマートフォン、テレビ、時計、ゲーム機、さらには車や家電製品など、いろいろなものがインターネットと繋がるようになり、さまざまな分野に広がり活用されています。

　インターネットのように異なるコンピューター間を繋ぐには、コンピューター間でデータを送受信する際のルールが必要です。このルールのことを**通信プロトコル**と言います。プロトコルとは、手順や手続き、協定、協約のことで、通信プロトコルは、**通信規約**を意味します。

　インターネットは、**TCP/IP（Transmission Control Protocol ／ Internet Protocol）**を共通の通信プロトコルとして使うことで、コンピューター間を繋いでいます。プロトコルは、いわば共通の言語のようなものです。

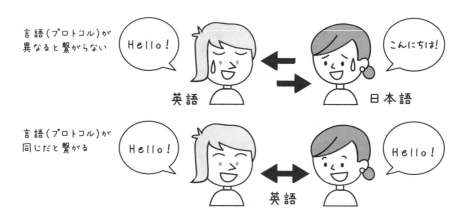

　TCPは、通信相手を確認し、データの送受信を行います。具体的にはデータの管理や誤りの検出などを行い、信頼性の高い通信を実現します。一方、IPはアドレスをもとに経路を選択して高速にデータの送受信を行います。

　なお、TCP/IPにおけるファイル転送は、**FTP（File Transfer Protocol）**というプロトコルを使って行います。インターネット上にはアプリケーションファイルを公開しているサーバーが多く存在し、そのファイルやコンテンツをダウンロードするときなどに利用されます。

サーバーとプロバイダー

インターネットに対応したコンピューターなどの通信機能を備えた機器が、いつでも、どこでも、誰とでも通信できるようにするためには、24時間、ネットワークや情報を管理するサーバーが必要です。

サーバーとは、ネットワーク上でコンピューターなどの通信機能を備えた機器に情報やサービスを送るコンピューターのことを言います。

インターネットは、このサーバー同士をネットワーク化したものです。サーバーには、Webサイトを管理する**WWWサーバー**、電子メールの送受信を行う**メールサーバー**、ファイルの送受信を行う**FTPサーバー**などがあります。

それに対して、サーバーから送られた情報やサービスを利用するコンピューターなどの通信機能を備えた機器を**クライアント**と言います。これらの機器はサーバーに接続することで、円滑にインターネットを利用することができます。

企業や学校などにあるコンピューター（クライアント）は、サーバーに直接接続されていることが多く、サーバー経由でインターネットに接続しています。しかし、個人でインターネットに繋ぐ場合は、サーバーを自前で用意するのは大変なので、インターネットへ接続するためのサーバーを用意して、インターネットへの接続サービスを提供する業者と契約する必要があります。このサービスを提供する会社のことを**インターネットサービスプロバイダー**と言い、単に**プロバイダー**と言うこともあります。

インターネットサービスプロバイダーと契約したうえで、自宅の回線（光ファイバーやCATVなど）をモデムやターミナルアダプターといった機器を介してプロバイダーと接続し、インターネットサービスを利用することができるようになります。

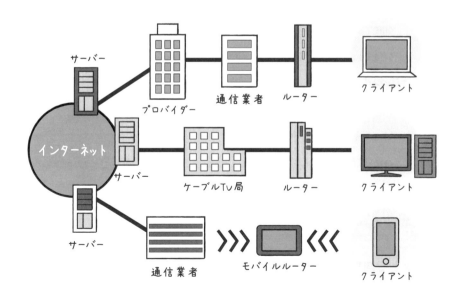

Webサイトとブラウザー

　世界中のWWWサーバーに登録されている**Webサイト**が、クモの巣のように互いに結び付き合い、誰でも情報を閲覧できるように公開した大規模なデータベースシステムのことを**WWW (World Wide Web)** と言います。なお、**Webページ**とは、表示される1枚のページのことで、複数のWebページがまとまったものをWebサイトと呼びます。

　それぞれのWebサイトを表示、閲覧するためのソフトウェアを**Webブラウザー**、または単に**ブラウザー**と言い、コンピューターでは、WindowsにはMicrosoft EdgeやInternet Explorer、MacではSafariが標準装備されています。スマートフォンやタブレットでは、iOSにはSafari、AndroidにはGoogle Chromeが標準装備されています。このほかにも、FirefoxやOperaなど多種多様なブラウザーがあります。

HTMLとCSS

　Webページは、文書構造や表示形式を記述するための形式言語（**マークアップ言語**）である**HTML (Hyper Text Markup Language)** で作成されます。HTMLは、文書の構造を**タグ**（**< >**）と呼ばれる記号を使って次の例のように**ソースコード**を記述し、これをブラウザーで読み込むことで、Webページが表示されます。

```
<!DOCTYPE html>
<html lang="ja">
  <head>
    <meta charset="UTF-8">
    <title>HTML の書き方 </title>
  </head>
  <body>
    <h1>HTML の書き方 </h1>
    <p> はじめて HTML を使ってホームページを作りました </p>
  </body>
</html>
```

　インターネットで閲覧することのできるWebページの大半は、このHTMLを使って作成されています。

HTMLは、Hyper Text（高機能なテキスト）と言われるとおり、文書中の指定箇所（テキストや画像、音声、動画）に**リンク**を貼ることができ、指定された先（違うページやファイル、ほかのWebサイト）に移動することができます。この機能を**ハイパーリンク機能**と言い、HTMLの特徴のひとつで、複数の文書を相互に関連付けることによってインターネット上に分散する情報（Webページ）が繋がり、Webサイトになり、さらにWWW（World Wide Web）になります。

　HTMLの特徴のもうひとつに、手軽さが挙げられます。特別なツールは必要なく、必要なものは「ブラウザー」と「**テキストエディター**」のみです。テキストエディターとは、コンピューターで文字を入力して保存するためのソフトウェアで、Windowsであれば、「メモ帳」、Macであれば「テキストエディット」のようなソフトウェアです。

　HTMLと組み合わせて使用することで、Webページのデザイン面でより効果を発揮するのが**CSS（Cascading Style Sheets）**です。HTMLが、Webページの文書構造を指定する言語であるのに対し、CSSは、HTMLで指定した文書構造にデザインを施し、見栄えを整える役割を担い、HTMLのタグで囲んだ範囲の文字の色、大きさ、背景の色や配置などを指定するための言語です。

　以前はHTMLで、表示の仕方に関する指示を行っていましたが、現在は画像の表示位置や背景や文字の色、大きさなどの指定はCSSで行うのが一般的となっており、Webページの作成に、HTMLとCSSは欠かせない言語となっています。

IPアドレス

　インターネット上で、情報の行き先を管理するためにコンピューターなどの機器に振り分けられた認識番号を**IPアドレス（Internet Protocol Address）**と言い、データのやり取りの際に通信相手を間違わないようにするために使われます。

　IPアドレスは、数字の羅列で、次の図ような32ビット（桁）の2進数で表します。わかりやすくするために8ビット毎に「.」で区切り、さらにわかりやすくするために10進数で表します。

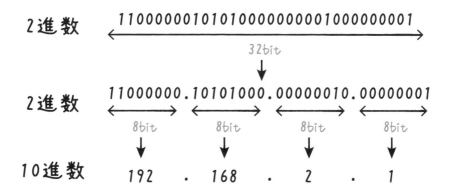

最近では、コンピューター以外にもインターネットに接続する機器が多くなり、IPアドレスが不足してきています。現在使われているIPアドレスは32ビットでアドレスを表す**IPv4アドレス**です。このIPアドレスでは約43億個（2の32乗）のIPアドレスしか割り当てることができません。そこで、128ビットでアドレスを表す新たな**IPv6アドレス**の利用が進められています。このIPアドレスを使うことで、約340潤個（2の128乗）という無限に近いIPアドレスを割り当てることができるようになります。

ドメイン名とDNSサーバー

　IPアドレスは、コンピューターが処理しやすい32ビットの2進数の数値です。この32桁の0と1で表された数値の羅列では、とても扱いにくく、人間が管理するには困難なため、前ページで解説したように10進数で表します。それでも、数字の羅列では分かりにくいので、人間が管理しやすく、覚えやすい文字に置き換えたものが**ドメイン名**です。

　ドメイン名には命名規則があり、「組織名.組織属性.国コード」というルールで表します。例えば、技術評論社のドメイン名は、「組織名＝gihyo」「組織属性＝co」「国コード＝jp」となり、「gihyo.co.jp」です。

　ドメイン名は、Webサイトなどを検索したり、メールアドレスを指定したりするときに使いますが、このドメイン名とIPアドレスが結び付けられていなければ、Webサイトを表示できなかったり、電子メールの送受信ができません。

　そこで、IPアドレスとドメイン名を結び付ける役割を担うのが**DNS（Domain Name System）サーバー**で、インターネット上でIPアドレスとドメイン名を対応させ、管理するシステムです。

　例えば、「aaabbb.co.jp」とブラウザーに入力すると、DNSサーバーが「aaabbb.co.jp」（ドメイン名）と「202.12.30.144」を対応させ、「aaabbb.co.jp」のWebサーバーにアクセスし、Webページを表示させます。

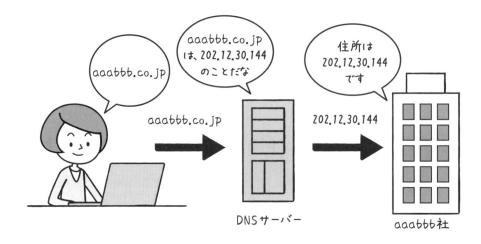

インターネット上の情報の所在を特定するための固有のアドレスを**URL (Uniform Resource Locator)** と言い、「インターネット上に置かれた情報の住所」という言い方がされます。

このURLの一部にドメイン名が使われます。

URLは、ドメイン名の前に「www」のような文字列 (**ホスト名**) が付けられ、「www.ドメイン名」という形で表します。その前に付ける「http」は、「Hyper Text Transfer Protocol」の略で、HTMLで書かれた文書などの情報をWebサーバーとブラウザーの間でやりとりするときに使われるプロトコルを表しています。

なお、詳しくはChapter5で解説しますが、「http」は、やり取りされるデータが暗号化されておらず、通信内容を第三者に知られる可能性があるので、最近は、暗号化された「https」を使うことが一般的になっています。

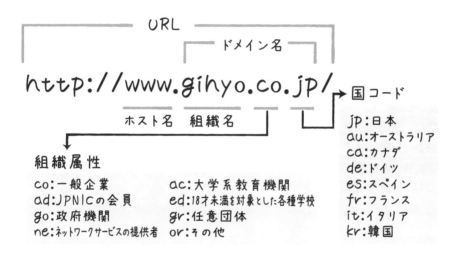

電子メールアドレスにもドメイン名は使われます。

ドメイン名は、メールアドレスの「@」の後ろに付けられ、これによってそのメールをどこに送ればよいかを特定します。「@」の前は、ユーザー名でドメインの中で特定の場所を識別するためのものです。

Q&A

Question 09

タグと呼ばれる記号を使ってWebページの文書構造や表示形式を指定するマークアップ言語は、次のうちどれでしょうか。

①TCP/IP　　②HTML　　③CSS　　④FTP

Answer 09

これは、②の「HTML」の説明です。HTML（HyperText Markup Language）で記述されたソースコードは、ブラウザーで表示することができます。③の「CSS」（Cascading Style Sheets）は、HTMLと組み合わせて使用するスタイルシート言語です。HTMLが、Webページの文書構造を指定するのに対し、CSSは、HTMLで指定した文書構造にデザインを施します。

②の「HTML」が正解です。

Question 10

インターネット上の所在を特定する固有のアドレスは、次のうちどれでしょうか。

①ドメイン名　　②ホスト名　　③URL　　④DNS

Answer 10

これは、③の「URL」（Uniform Resource Locator）の説明です。例えば、技術評論社のWebサイトのURLは、https://www.gihyo.co.jp/ですが、このURL内のwwwが②の「ホスト名」、gihyo.co.jpが①の「ドメイン名」です。

③の「URL」が正解です。

Question 11

ブラウザーとWebサーバーとの間で行う通信に使用される通信プロトコルは、次のうちどれでしょうか。

①TCP/IP　　②FTP　　③HTTP　　④DNS

Answer 11

インターネットで使用される通信プロトコルは、①の「TCP/IP」です。TCPは、通信相手を確認しながら、データの送受信を行います。IPとはIPアドレスと呼ばれる数値をもとに経路を選択して高速にデータの送受信を行います。

②の「FTP」は、ネットワークで接続されたクライアントとサーバーの間でファイル転送を行うための通信プロトコルのひとつです。

①の「TCP/IP」が正解です。

情報の検索

　日常の生活において、インターネットでの情報検索は必要不可欠なツールになってきました。辞書、ニュース、地図、お店、交通など、さまざまなことをインターネット上で検索し、調べるようになりました。

　インターネットで情報の検索を行うには、GoogleやYahoo!などの**検索エンジン（サーチエンジン）**を使います。検索エンジン以外にも、旅行や商品の価格比較サイト、美容サイト、路線案内サイト、求人サイトなど、特定の分野の検索を行う専用サイトもあります。

　目的の情報を探すときには、これらの検索エンジンや専用サイトを上手に使い分けて利用すると効率的に情報の検索が行えます。

情報の共有と拡散

　Webサイトは、発信者側の情報に利用者（消費者）が応えるといったものが主流でしたが、ブログやSNSが普及し、利用者同士の情報交流が行われるようになりました。

　ブログやSNSで個人の日常の出来事などを文章や写真や動画で投稿できるようになり、共感した人たちは自分のブログやSNSなどでその情報を共有します。情報の共有が増えることにより、その情報は世界中へと拡散していきます。

　このように情報が拡散し、主にSNSなどのインターネット上で話題となり、多くの人の注目を集めることを**バズる**と言います。

　バズるという言葉は、英語のBuzz（バズ）がもととなっており、もともとの意味は、「ハチや機械などが発するブンブン唸るような音」「人のがやがや話す声」です。

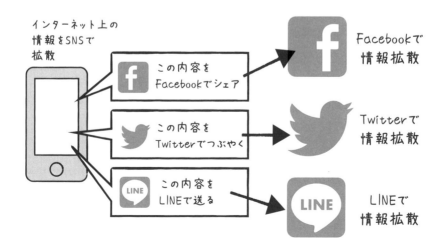

普及から進化へ

　1990年代にコンピューターが普及し、インターネットが一般の人たちにも使われるようになりました。特に、1990年代後半からその普及が加速し、インターネットを使った情報交換も盛んに行われるようになりました。さらに2000年以降、携帯電話やスマートフォンが浸透したことで、より手軽に情報通信を行えるようになり、現在ではインターネットは、生活に密着したものになりました。

　今後も技術の発展とともにインターネットを活用した生活は、さらに便利に進化し続けることが予想されます。ここでは、進化を続けるインターネット技術で欠かすことのできないキーテクノロジーについて解説します。

ITからICTの時代へ

　IT（Information Technology） とは、コンピューターのハードウェアやソフトウェア、またインターネットやネットワークなどの情報通信に関する技術などの**情報技術**のことを言います。また、業務のデジタル化やOA（Office Automation）化など、コンピューターや情報機器、インターネットなどを利用した業務の効率化を実現する技術のことまでを含める場合もあります。日本では2000年11月のIT基本法や翌年の1月の「e-Japan戦略」が策定された頃からITという言葉が使われるようになりました。

　IT技術の発展により、社会に起きた変化のことを**IT革命**と呼び、産業構造だけではなく個人の生活にも、大きな変化をもたらしました。

　ICT（Information and Communication Technology） とは、通信技術を活用したコミュニケーションのことを言い、**情報通信技術**と訳されます。ITにCommunication（コミュニケーション）が追加されたことで、「人と人」、「人とモノ」がインターネットを中心に双方向に繋がることを意味するようになりました。ICTでは、情報や知識の共有に焦点が当てられ、コミュニケーションがより強調されています。

　現在、ITとICTは、ほぼ同じ意味で使用されていますが、コンピューターやインターネットの技術そのものをIT、コンピューターやインターネットの技術の活用に関することをICTと区別して呼ぶ場合もあります。

　世界的には、どちらの技術を指す場合もICTという言葉で使われることが多いため、日本でもICTの方が定着し、一般化しつつあります。なお、日本の行政においては、ITは経済産業省、ICTは総務省が、それぞれほぼ同じ意味合いとして利用しています。

　IoT（Internet of Things）とは、人がコンピューターやスマートフォンなどの機器を操作してインターネットに繋がるのではなく、人の手を介することなくさまざまな「モノ」がインターネットと繋がって、データが収集されるしくみのことを言います。

　ここでいうモノとは、カメラやセンサーを搭載した機器で、これまでインターネットと繋がっていなかった家電製品なども含まれます。これらのモノは、人が操作をすることなく、モノが自動的にインターネットにアクセスし繋がります。

　IoTによって実現できるようになることは、主に次の4つに分類することができます。

　①「モノを操作する」ことです。例えば、外出先から家電のスイッチやコントローラー、アラームなどを操作したりすることなどが挙げられます。②「モノの状態を知る」ことです。例えば、外出先から家電の電池残量やペットの健康状態を把握したりすることなどが挙げられます。③「モノの動きを検知する」ことです。例えば、外出先から、バスや電車などのリアルタイムの運行状況を把握したり、子供や高齢者の動きを把握したりすることなどが挙げられます。④「モノ同士で通信する」ことです。例えば、AIスピーカー経由で、家電を操作したり、センサーと連携することで人に入退室にあわせてエアコンや照明のオンオフを切り替えたりすることなどが挙げられます。

　IoT化が進んでいくとインターネットに接続されたセンサーやデバイスといった「モノ」からは、たくさんのデータが収集されます。そしてIoTによって集められたデータがAIの資源となることで、様々な可能性が広がっていきます。

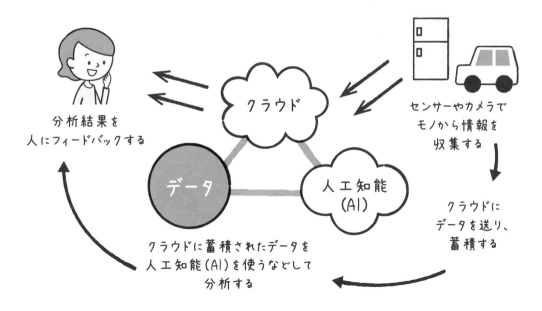

分析結果を
人にフィードバックする

クラウド

データ

人工知能
（AI）

センサーやカメラで
モノから情報を
収集する

クラウドに
データを送り、
蓄積する

クラウドに蓄積されたデータを
人工知能（AI）を使うなどして
分析する

Wi-Fi

　ネットワーク接続に対応した機器を無線で**LAN（Local Area Network）**に接続する技術を**Wi-Fi（Wireless Fidelity）**と言います。**無線LAN**とも言ばれることもありますが、厳密に言うとWi-Fiは無線LANの代表的な規格のうちのひとつです。

　Wi-Fiに繋がった機器は、インターネット上のサービスが使えるようになります。

ネット回線の信号をルーターが無線（Wi-Fi）に変える

クラウドコンピューティング

　インターネットを雲（クラウド）に見立てて、クラウド内に点在する外部サーバーを利用するシステムのことを**クラウドコンピューティング**と言います。

　クラウド上でデータ処理を行い、クラウド上にデータ保管できるため、ソフトウェアだけでなく、データも手元のコンピューターに置く必要がありません。クラウド上にデータが保管されていれば、インターネット上に最新のデータが存在するので、いつでもどこでもデータを引き出すことができます。また、データ自体が手元のコンピューターにないため、コンピューターを紛失しても情報漏洩のリスクを回避できます。

　このクラウドコンピューティングのシステムを利用して提供しているサービスのことも、クラウドコンピューティング、またはクラウドコンピューティングサービス、**クラウドサービス**などと言います。**クラウド**と省略して言われることもあります。

ビッグデータ

　ビッグデータと言われると「大量のデータ」と思いがちですが、「大量」という意味だけではありません。**ビッグデータ**とは、これまでの技術では記録や保管、分析、解析が難しいとされてきた大量のデータのことで、その量と頻度（更新速度）、多様性（データの種類）も重要な要素です。

　ビッグデータが注目されるようになった最大の理由は、インターネットの普及とIT技術の進化、発展です。

　これまで、ビッグデータに関しては、「データの収集ができない」「データの収集ができても保存ができない」「データを処理できる技術がない」といった問題がありましたが、インターネットの普及とIT技術の発展によりその問題がなくなったことで、これまで収集できなかったデータが収集できるようになり、これまで分析できなかったデータが分析できるようになりました。

　スマートフォンやインターネットの利用者の位置情報や購買履歴、購入時間、天候、趣味嗜好などのデータは、新たに活用されることになったビッグデータの具体的な例です。これらのデータは、これまで管理しきれず、見過ごされてきましたが、マーケティングやサービスの向上、新しいビジネスの創出には欠かせないものとなり、各分野でビッグデータの分析、解析は、積極的に行われ、その解析データは業務に活用されるようになりました。

　今後、IoTやデータ分析技術のさらなる進化、発展によって、人々の生活のなかで収集できるデータが増加し、ビッグデータの存在はさらに身近で大きなものになることが予想されます。

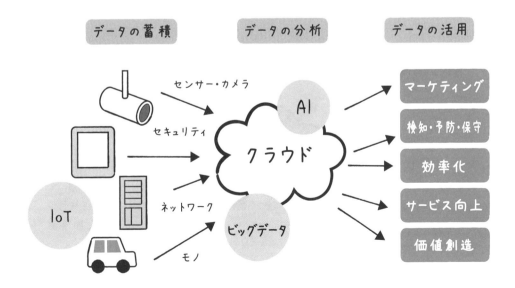

　人工知能（AI：Artificial Intelligence）とは、人工的に作られた知能、あるいはその概念や技術のことを言います。人間は、外界から受け取った多くの情報を脳内で処理し、判断や推測を行っていますが、このような人間の知能をコンピューターによって再現する技術が、人工知能（AI）です。

　人工知能（AI）と言うと、何でも自ら考えられるロボットをイメージしますが、これは**汎用型AI**と呼ばれるもので、世界で実用化された例はなく、ほとんどは特定処理のみを行える**特化型AI**のことを言います。

　検索エンジン、ロボット制御、宅配の配送管理、コールセンターのオペレーション業務、金融取引、クレジットカードの不正利用検知などがその例です。

　1970〜80年代に**エキスパートシステム**という人の知識を補完する技術が登場しました。エキスパートシステムとは、専門家（エキスパート）の知識をデータベース化して、誰でも専門家同様の知識を得られるというもので、そのデータベースをもとに質問に対して答えを推測するというものでした。

　2000年代に入り、**ディープラーニング（深層学習）**という人間の脳のしくみをまねてコンピューターのプログラム上で再現した技術が登場しました。ディープラーニングとは、**機械学習**のひとつで、画像や音声や人間の使う言語を理解し、ビッグデータを分析しながら結果を出し、その経験を重ねることで、より学習能力を高めていくものです。

　オックスフォード大学のマイケル・A・オズボーン准教授が発表した『雇用の未来』という論文で「今後10年から20年以内に47％もの仕事が人工知能に奪われる」という内容が発表されて話題となりましたが、ますますAI技術は研究が重ねられ、進化していくことは間違いありません。

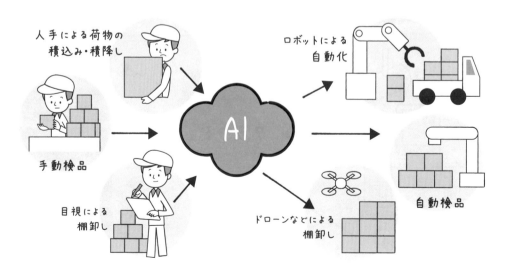

前世代の**移動通信ネットワーク（4G）**に次ぐ、**第5世代移動通信システム**のことを
5G（5th Generation）と言います。ビックデータをAIやロボットが自動解析するこ
とができることから、IoTのインフラとして期待されており、次の３つの特徴があります。

＞高速大容量通信

最大で10Gbpsの高速大容量通信です。４G（最大１Gbps）の10倍になります。そのため、
２時間の映画を数秒でダウンロードでき、４K、８Kの超高画質な動画のライブ配信が
可能になります。今後のテレワークやオンライン教育、高度な遠隔医療、警備システムな
どのセキュリティなど幅広い分野での利用が期待されています。

＞超低遅延

ネットワーク遅延（タイムラグ）が４Gの1/10の１ms（1/1000秒）以下と非常に小さく
なり、長距離通信でもタイムラグがほとんど感じられなくなります。高い安定性からAR
／VRの活用や自動運転制御や遠隔医療などの分野での利用が期待されています。

＞多数同時接続

100万個/km²（１平方キロメートル）以上で、同時に機器を通信回線に繋ぐことができ、
これは４Gの10倍になります。その結果、これまで繋がりにくかったイベント会場などの
人が多く集まる場所で生じたネットの接続遅延も解消されるようになります。また、いろ
いろな身の回りのモノがよりインターネット接続しやすくなるので、今後のIoTの利用と
して期待されています。

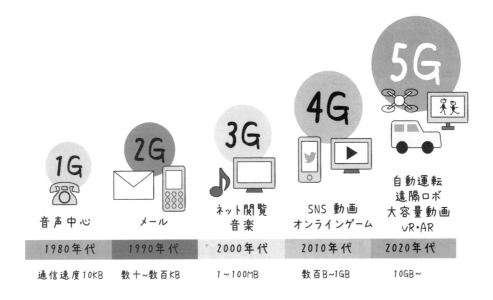

XRは、Cross Realityの略です。現実世界と仮想世界を融合することで、現実には
ない新たな体験を生み出す技術の総称で、AR（拡張現実）やVR（仮想現実）、MR（複合
現実）といった技術は、XRに含まれます。

AR、VR、MRとはどのような技術なのかについて、それぞれ詳しく解説します。

＞ AR

ARは、Augmented Realityの略で、**拡張現実**と言います。現実世界（リアル）に
文字や画像などの視覚情報を重ね合わせることで、目の前の現実世界を仮想的（バー
チャル）に拡張表示する技術です。

スマートフォンのカメラやARグラスを使い、拡張現実を実現します。例えば、Google
Mapでは、スマートフォンのカメラに映した街中の映像に目的地への行先を矢印などを
表示して、迷わずに目的地に向かいやすくしたり、Google翻訳では、スマートフォンカメ
ラに映し出された英語を始め、数十カ国以上の言語を翻訳してくれます。また、世界で一
大ブームを巻き起こしたゲーム『ポケモンGO』は、AR技術を使ってポケモンがスマート
フォン画面内で目の前の風景に重なって表示させました。

ほかにも、カメラで映した自分の部屋に家具や家電などをレイアウトしてみたり、自分
の顔を美顔化したりするなど、ゲームをはじめとするエンターテインメント分野やイベ
ント、観光案内、広告やプロモーションなどの幅広い場面で利用されています。

スマートフォン向けのサービスとして比較的簡単に実現できることもあり、日常生活
の利便性を向上させ、新しい楽しみを生み出せる技術として注目を集めています。

街の情報が表示される

文字が翻訳される

現実の映像の上に
仮想の映像が表示される

❯VR

　VRは、Virtual Realityの略で、**仮想現実**と言います。ARは現実世界（リアル）に視覚情報を重ね合わせましたが、VRは画面上にリアリティのある視覚映像を表示して仮想現実（バーチャル）を作ります。つまり、非現実な仮想現実の世界をあたかも現実のように体感させます。

　通常、専用のメガネ型のデバイス（VRゴーグル）を装着することで、人間の視界を覆うように360°の映像を映し、視界全体をVR空間にし、実際にその空間にいるような感覚が得られます。VRゴーグルを着用している人が顔を動かして左右上下を見ればその方向の映像が見ることができ、VR空間を自由に移動したり、その空間内の物を動かすこともできます。

　VRはエンターテインメント、特にゲームで用いられることの多い技術です。これまではスクリーンの外側からゲームの世界を見ていましたが、VR技術によってスクリーンの中に入り込んで立体的でリアルな映像体験を実現することができるようになりました。

　ゲーム以外の分野では、テーマパークなどのアトラクションやスポーツ観戦、音楽鑑賞、不動産の内覧、バーチャル展示会、バーチャル旅行、VR広告など幅広い分野で利用されており、まだ活用事例がそれほど多くはありませんが、今後、対応機器の普及に従って利用される場面が増えることが予想されます。

仮想空間で旅行を体験できる

仮想空間でジェットコースターを体験できる

仮想空間でゲームを体験できる

＞MR

　MRはMixed Realityの略で、**複合現実**と言います。MRもAR同様に現実世界（リアル）に仮想（バーチャル）の視覚情報を重ね合わせるものですが、ARのように現実世界に単純に視覚情報を重ね合わせるのではなく、ARをさらに発展させ、現実世界の中にバーチャル情報を組み込み、実際にそこにあるかのように、よりリアルに感じられるようにさせたものです。

　MRでは仮想空間の視覚情報の周りを動いたり、その世界を他者と共有することもできるので、同じ情報を見たり触れたりし、コミュニケーションをとりながら作業することができます。例えば、ARの使用例として紹介したポケモンGOでは、ポケモンに近づくことはできませんが、MRの技術を使ってカメラやセンサーを駆使することで、キャラクターに近づいて自由な角度から見たり、目の前の空間にさまざまな情報を3Dで表示させ、キャラクターに触れたりすることもできるようになります。

　通常、専用のメガネ型のデバイスを装着します。代表的なものとして、Microsoft社ののホロ・レンズがあります。これを使えば、様々な場所や空間がそこに存在するかのように映像（ホログラム）を見ることができ、その映像に対して拡大や縮小、回転、分解などの操作を行うことができます。

　MRは医療分野での高度な手術のシミュレーションや治療方法の実験などに活用され始めています。また、製造業でも実際に試作品を作る手間やコストを省き、MR上で試作品を作り、その情報を製作スタッフで共有する活用が行われています。

　ARやVRと比べると一般的に普及している印象が薄いMRですが、ゲームやエンターテインメントからビジネスシーンにいたるまで、あらゆる分野で今後さらに普及していくことが期待されています。

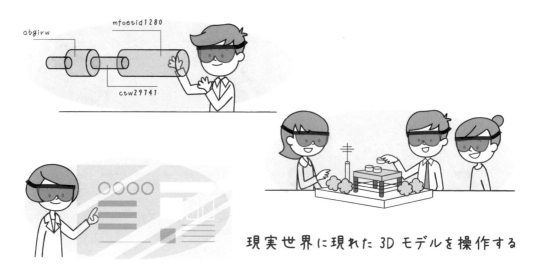

現実世界に現れた 3D モデルを操作する

メタバース

　Facebook社が社名を「Meta」に変えたことで話題になった**メタバース**（Metaverse）は、メタ（meta：超越した）とユニバース（universe：宇宙）を組み合わせた造語で、現実世界に体がありながらも、インターネット上の3次元仮想空間で自分の分身であるアバターを使って自分が行動できる空間、またそのサービスのことを言います。コロナ禍で世間を賑わせたゲーム『あつまれ　どうぶつの森』は、どうぶつたちと新たな住民として引っ越してきた自分（アバター）がゲーム世界で生活するひとつのメタバースです。

　コンピューターやスマートフォンだけでも操作することができますが、通常、VRヘッドセットなどを使って仮想空間でのリモート会議、チャット、ゲームなどを行います。

　例えば、バーチャルオフィスといった利用のされ方では、まるでそこにいるかのような感覚で社員同士のやりとりができるため、リモートでありつつリアルなオフィスに出社している感覚でコミュニケーションが可能になります。

　バーチャルスクールといった利用のされ方では、仮想空間に作られた学校に国籍や年齢を問わず誰でも参加することができます。アバターを使っているので、身体的、心理的な障害も解消され、参加しやすく、現実にはなかなか体験できないことを仮想体験学習することが可能になります。

　メタバース空間内に作られた店舗であるバーチャルショップといった利用のされ方では、リアルの店舗と同様に、物品やサービスの購入ができます。バーチャルショップ内をアバターが自由に動いたり、スタッフと会話をすることができたり、商品や商品情報を調べたりすることも可能です。

　このように、メタバースを使うことで、ビジネスをはじめ買い物などの日常生活まで仮想空間でできるだけでなく、オンラインでのコミュニケーションを、これまで以上にリアルなコミュニケーションに近づけることができ、今後はリアルでは難しい体験の提供も可能になると期待されています。

仮想空間のお店で買い物ができる

Q&A

住宅や車、家電製品など様々なモノをインターネットに接続するしくみは、次のうちどれでしょうか。

①IoT　　②ビックデータ　　③クラウドコンピューティング　　④AI

Answer 12

IoTとは、Internet of Thingsの略語でモノがインターネット経由で通信することを意味します。IoTが行われるモノには、センサーやカメラ、通信機器が装備されており、インターネットに接続することで、そのモノを通じたデータを他のモノや人に送り、様々な分野の必要なデータとして処理、分析して活用していきます。

①の「IoT」が正解です。

Question 13

画面上にリアリティのある視覚映像を表示して仮想現実を作り、あたかも現実のように体感させるしくみは、次のうちどれでしょうか。

①AR　　②VR　　③MR　　④XR

Answer 13

①の「AR」は、現実世界に視覚情報を重ね合わせる拡張現実、②の「VR」は、画面上にリアリティのある視覚映像を表示して作る仮想現実、③の「MR」は、AR同様に現実世界に仮想の視覚情報を重ね合わせるものですが、現実世界の中にバーチャル情報を組み込み、実際にそこにあるかのように、よりリアルに感じられるように進化させた複合現実です。④の「XR」は、「AR」「VR」「MR」の総称です。

②の「VR」が正解です。

Question 14

メタバースの説明としてふさわしくないものは、次のうちどれでしょうか。

①「meta」と「universe」を組み合わせた言葉である。

②現実世界に体がありながらも、仮想空間で自分が行動できる空間のこと。

③仮想空間では、自分の顔などの現実の実態をはっきり見せなければならない。

④ユーザーはアバター（自分の分身となるキャラクター）として行動する。

Answer 14

メタバースはFacebookのような実名型ではありません。通常、自分の分身となるアバターを使ってコミュニケーションを行います。メタバースの仮想空間上では自分の実際の名前や顔をさらすことなく活動することができます。

③が正解です。

eコマース

eコマース（Electronic Commerce）とは、インターネットを利用して、電子的に取引を行うシステムのことです。ECや電子商取引と言われることもあります。

具体的には、インターネットなどのネットワークを介して商品情報を発信し、契約（売買契約等）や決済などを行う取引形態のことです。最近では、特に携帯電話を利用した電子商取引のことをmコマース（Mobile Commerce）と言うことがあります。

eコマースの運営側の利点として、実店舗を持たなくても運営できる、Webサイトに商品情報をいくらでも提供できる、世界中の人をターゲットにできるなどといった点が挙げられます。消費者側の利点としては、いつでもどこでも購入できる、最安値で商品を購入できる、ニッチな商品も探すことができるなどといった点が挙げられます。

eコマースの代表的な取引方法には、次の3つのタイプがあります。

＞B to B（Business to Business）

インターネットを介して企業同士が商談などを進める企業間取引の方法です。

利点は、営業や商品の売買などに関わるコストを削減することができ、顧客が注文した瞬間にその取引先だけでなく、仕入先への発注や金融機関への支払い指示、物流会社への配送指示などが行えることです。

＞B to C（Business to Consumer）

インターネット上で開設したオンラインショップを通じて、商品やサービスを顧客に販売する企業と消費者の取引の方法です。

利点は、実店舗より低いコストで販路を拡大することができ、そのコスト削減による低価格化や迅速な納品が行えることです。Amazonや楽天、Yahoo!ショッピングなどで行われている商取引は、このB to Cにあたります。

＞C to C（Consumer to Consumer）

インターネットを介して消費者同士が商談を進める消費者間取引の方法です。

利点は、消費者同士が交流することで、代理店などを通すことなく直接売買ができる、不要になったものを販売することができることです。消費者同士のマッチングにより通常よりも商品やサービスを安く提供、購入することができます。Yahoo!オークションやメルカリなどのネットオークションで行われている商取引は、このC to Cにあたります。

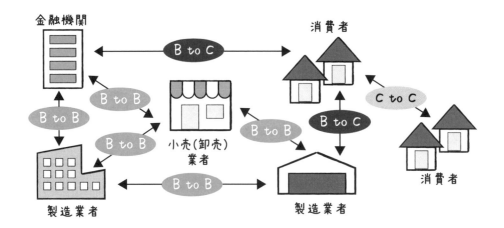

　これに加えて、政府や自治体の行政機関が、企業とインターネットを通じて行う公共事業の入札や資材調達、電子申請などの商取引をG to B（Government to Business）、行政機関が、サービスや手続きなどを電子化し、住民がインターネットなどを通じて利用できるようにする公共サービスのことをG to C（Government to Consumer）と言います。

ネットバンク

　インターネットを使って、残高照会、入出金照会、口座振込、振替など銀行取引サービスを行うシステムのことをネットバンクまたはインターネットバンクと言います。

　銀行に行くことなく、24時間365日どこからでも、コンピューターやスマートフォンを使って、インターネット取引専用サイトから各種の照会確認ができます。

　銀行業務の設備費や人件費が削減できることから、既存の銀行や金融機関が提携して行うじぶん銀行、住信SBIネット銀行だけでなく、ソニー銀行、セブン銀行、楽天銀行、イオン銀行など新規参入する企業が多数あります。

電子決済

　現金（紙幣や硬貨）を使うことなく、電子データを使って決済を行うことを電子決済またはキャッシュレス決済と言います。

　電子決済には、クレジットカードやデビットカードのような接触型のカード決済や、NFC方式やFeliCa方式の電子マネーのようにかざすだけで通信のやり取りができる非接触型の決済、スマートフォンによるコード読み取り型のコード決済（QRコード、バーコード）があります。

　ここでは、コード読み取り型のQRコード決済、バーコード決済、電子マネーと暗号資産について詳しく解説します。

＞コード決済

　コード決済とは、スマートフォンでQRコードやバーコードを読み取って決済を行う決済方法です。読み取るコードによってQRコード決済、バーコード決済があり、スマホ決済とも言います。

　コード決済には、次の2種類の決済方法があります。

　店舗が提示するコードを利用者に読み取ってもらう方法（店舗提示型コード決済）と利用者のスマートフォンアプリに表示されたコードを店舗が読み取る方法（利用者提示型コード決済）です。

　利用者提示型コード決済の場合には、店舗は専用決済端末、利用者はコード決済サービスのアプリが必要ですが、店舗提示型コード決済の場合には、店舗と利用者の双方にコード決済サービスのアプリが必要です。

　代表的なものに、「LINE Pay」「PayPay」「楽天ペイ」「d払い」が挙げられます。

＞電子マネー

　電子マネーとは、「電子化されたお金」です。専用のカードかそれに相当するスマートフォンアプリに、あらかじめ現金をチャージまたはクレジットカードから自動チャージしておいて決済します。

　使う前にあらかじめ現金のチャージが必要なカード（先払い）をプリペイド型、チャージの必要がないカード（後払い）をポストペイ型と言い、ポストペイ型の場合には登録したクレジットカードや銀行口座から引き落とされます。

　電子マネーは、その電子マネーを取り扱う店舗でカードリーダーにかざすだけで現金と同じように利用でき、スピーディな決済処理を行うことができますが、店舗に専用の決済端末（カードリーダー）が必要です。

　代表的なものに「nanaco」「iD」「QUICPay」「楽天Edy」「Suica」などがあります。

　電子マネーと次に説明する暗号資産で異なる点は大きく、電子マネーには価値を裏付けする企業などが存在することです。そのため、電子マネーは暗号資産のように価格変動が起こることはありません。また、暗号資産は換金が可能ですが、電子マネーは原則換金ができないという明確な違いもあります。

＞暗号資産（仮想通貨）

　暗号資産は、インターネット上で発行取引されている通貨で仮想通貨とも言います。円やドルなどの各国の紙幣やコインは、その国の政府や中央銀行が発行する法定通貨ですが、暗号資産は、政府が発行する法定通貨ではありません。代表的な暗号資産には、「ビットコイン」のほか「イーサリアム」、「リップル」などがあります。

　暗号資産の特徴は、通貨そのものの価値が政府の事情によって影響を受けることなく、世界中どこでも使える世界共通通貨として使えることです。銀行等の第三者を介することなく、財産的価値をやり取りすることが可能です。暗号化され、セキュリティ対応をブロックチェーンで行っているため、データのなりすまし、改ざんなどが防止できる信頼性が高いことから、世界中どこでも使えるセキュリティの高いデジタル通貨として今後の電子決済に広く利用されていくことが期待されています。

　しかし、国の政府やその中央銀行によって発行された法定通貨ではなく、裏付け資産を持っていないのが特徴です。利用者の需給関係といった要因によって、価格が大きく変動する傾向にある点、また暗号資産に関する詐欺なども数多く発生していますので、注意が必要です。

　暗号資産は、一般的には「交換所」や「取引所」と呼ばれる事業者（暗号資産交換業者）から入手・換金することができます。暗号資産交換業は、金融庁・財務局の登録を受けた事業者のみが行うことができます。

> テレワーク

　ICTを活用し場所や時間にとらわれることなく、自由な時間に働くことのできる柔軟な勤務形態を**テレワーク**と言います。**リモートワーク**と言われることもあります。

　環境問題、仕事と家事や育児の両立、地域活性化、労働力不足、少子高齢化といった問題を解決する働き方として注目されており、在宅勤務やモバイルワーク、さらにはいろいろな職種の人たちが同じ場所に集い、オフィス環境を共有するコワーキングスペースの利用も行われています。また、国内の活用に留まらず、外部に業務の一部を委託する**アウトソーシング**や海外に全部または一部を業務委託する**オフショアリング**といった活用も盛んに行われています。

　テレワークを導入することで、企業には優秀な人材の確保と離職防止、コスト削減、企業イメージの向上といったメリットが考えられます。従業員には、仕事と私生活のバランスの向上、育児や介護と仕事の両立、ストレスの削減といったメリットが考えられます。

　しかし、労働時間の管理を含めた労務管理の問題や情報漏えいやサイバー攻撃などのリスクといった情報セキュリティに関する問題、対面でコミュニケーションの機会が減ることによるコミュニケーション不足によるトラブルの問題など、クリアしなければならない課題もありますが、新しい働き方として浸透しています。

> ワーケーション (workcation)

　ワーケーション (workcation) は、ワーク (work：仕事) とバケーション (Vacation：休暇) を組み合わせた造語で、余暇を楽しみながら仕事も効率的に行うというワークスタイルを言います。テレワークを駆使して仕事と休暇を両立させようというワークスタイルとして、都市部から地方に移り住む地方移住型や平日は都会で働き、休日は自然環境のよい郊外のセカンドハウスで過ごすといった2拠点型のワーケーションなどがあります。

オンライン授業

　通信システムや環境の進展により、教育環境でもオンライン授業が取り入れられています。特に、2020年の新型コロナウイルスの影響により、各教育機関で積極的に取り組まれるようになりました。従来の通学し、受講するリアルタイム型の対面授業のほかに、オンライン授業が導入されることで学習スタイルも多様化しました。

　オンライン授業の学習スタイルには、対面授業とオンライン授業を同時に行う**ブレンド型授業**、自宅などでその時間の講義を講義時間に受講する**リアルタイム型授業**、自宅などでその時間の講義を指定期間内に受講する**オンデマンド型授業**の3つの学習スタイルがあります。

　オンライン授業では各教育機関のポータルサイトの学習システムのほかにも、ZoomやGoogle Classroom、Google Meet、Slackなどを使ってオンライン授業の工夫を図っています。オンライン授業の普及により、精神的、身体的なストレスを抱える人や地方や海外からも授業の受講が対面授業より容易になりました。また、高校や大学を卒業した後に、各々のタイミングで再度学び直しをする**リカレント教育**などでもオンライン授業の使われ方に期待が寄せられています。

　一方で、オンライン授業を行う側、受講する側にも、これまで以上にメディアリテラシーの向上が求められてきます。会議・通話、コミュニケーション、情報共有としてのスキルだけでなく、情報モラル、情報セキュリティ、著作権のスキルアップが必要です。

対面型

ブレンド型
（対面＋オンライン）

リアルタイム型

オンデマンド型

　DXは、Digital Transformationの略で、新たなデジタル技術を活用して人々の生活やビジネスを変革させることを言います。DXが着目される背景には、さまざまな分野で新規ビジネスの登場により、これまでなかった製品やサービスが展開されるようになったことにあります。企業はこの新規ビジネスに対し、現状のITシステムや既存のサービスやビジネスモデルでは十分に対応しきれなくなっています。消費者の消費行動を見ても、商品を購入し所有することに価値を見出す**モノ消費**からアクティビティやイベント、リゾートホテルなど、所有では得られない体験や経験に価値を見出す**コト消費**が進行しています。DXは、このような時代のニーズに適応すべく、ビジネス全体を刷新し変革していくことが目的です。

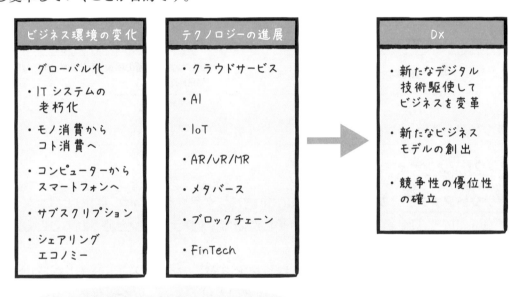

これまでのビジネススタイルで通用しない

　DXと似たような意味でよく使われるのがIT化です。

　IT化は、ビジネスの改善、拡張を図り、既存プロセスの効率化と生産性向上を目指します。具体的には、「作業時間やコストが削減される」、「製品の制作やサービスが自動化される」ということを行います。

　それに対し、DXは、新たなデジタル技術を活用した抜本的なビジネスにおける業務プロセスや製品、サービスを見直し、新規ビジネスモデルを立ち上げ、変革していくことを目指します。時には既存のシステムを破壊し、新たに創造していきます。具体的には、「ワークスタイルを変革する」、「仮想空間上で仕事や学習をする」、「モノやサービスを買い取るのではなく一定期間借りる（**サブスクリプション**）」といった変革を行います。

　IT化とDXの違いについて事例ごとにまとめておきます。

	IT化	DX
テレワーク	在宅勤務、モバイルワーク、スポットオフィス	コワーキングスペース、ワーケーション、バーチャルオフィス
学習	オンライン授業、授業支援システム	個々の能力分析、個別授業の提供、AI教師
オンラインショップ	ショッピングカート、DM、バーナー広告	AIによる消費者分析、カスタマーレビュー、レコメンデーション
テレビ	デジタル放送、スマートテレビ、番組予約	動画配信サービス、YouTubeチャンネルの自作配信
新聞、雑誌	記事の電子版	AIで個々の読者の閲覧記事を分析し関心を持ちそうな記事を個別に配信
ファーストフード	モノを効率よく販売、自動化、モノ消費	サービスの提供、コト消費、モバイル決済、モバイルオーダー
クルマ	カーナビやドライブレコーダーの設置、センサーによる衝突回避	自動運転による運転からの解放、カーシェアリングの利用
観光	観光案内サイト、QRコード案内、動画配信	遺跡や観光名所の再現（仮想空間、AR/VR/MR）

クラウドファンディング

＞クラウドファンディングのしくみ

クラウドファンディング（Crowdfunding）は、クラウド（Crowd：群衆）とファンディング（Funding：資金調達）を組み合わせた造語です。**クラファン**と略されることもあります。

新たな商品やサービスなどの企画を持つ起案者が、インターネットサイトを通じて不特定多数の人に資金提供を呼びかけ、共感や賛同を得た人から資金を集める方法を言います。代表的なクラウドファンドサイトとして、「Makuake」、「CAMPFIRE」、「Readyfor」、「GREEN FUNDING」、「Kibidango」などがあります。

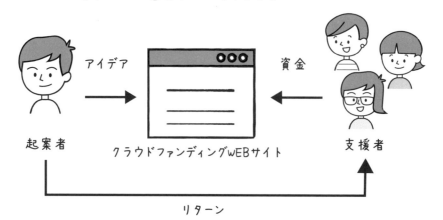

　クラウドファンディングの登場により、銀行などの金融機関から融資を受けることなく、資金調達をすることができるようになりました。

　銀行などの金融機関から融資の受けられないプロジェクトでも、支援者の共感や賛同が得られれば資金調達することができ、クラウドファンディングに企画内容を掲示することで、資金調達だけでなく、インターネット上での露出度が高まり、ファンの獲得や宣伝効果も期待できます。ただし、内容に具体性や計画性がなく、魅力や興味関心にかけるプロジェクトの場合は、支援者の支持が得られにくく、資金調達を達成できないこともあります。

　クラウドファンディングを行う目的としては、主に以下の3つが挙げられ、既に新しい商品の開発、映画やCDの製作、本の出版、団体の応援、地域振興、医療やがん患者への支援など、多くの分野で活用されています。

- 新しい事業を小規模でスタートするための資金調達
- 新しい商品やサービスのニーズを探るマーケティング調査のための商品販売
- 自分の想いや夢の実現

　クラウドファンディングには大きく分けると、支援者に対して商品やサービスなどのリターン（返礼品）を設ける**非投資型タイプ**、利子や配当など金銭的なリターンを設ける**投資型タイプ**の2つがあります。

＞非投資型タイプ

　非投資型タイプには、次の3つのタイプがあります。

①購入型クラウドファンディング

　企画されたプロジェクトに支援者は、お金で支援します。プロジェクトの起案者は、支援者に対してリターンとして支援金に応じた企画プロジェクトに関する商品、サービスなどを提供します。クラウドファンディングの多くは、このタイプです。

②寄付型クラウドファンディング

　企画されたプロジェクトに支援者は、お金の寄付を行います。購入型と違ってリターンはありません。環境問題、災害支援、病気などの支援といった社会貢献のプロジェクトでよく利用されます。

③ふるさと納税型クラウドファンディング

　自治体や自治体が認めた個人または団体がその自治体が抱える解決したい課題を具体的にプロジェクト化し、そのプロジェクトに共感、賛同した人はふるさと納税を使って

自治体に寄付を行います。自治体からは、リターンを受け取れます。ふるさと納税型では、寄付金の控除を受けることができます。町おこしや地域復興などで利用されるようになりました。

＞投資型タイプ

投資型タイプには、次の3つのタイプがあります。

①融資型クラウドファンディング

複数の個人から小口の資金を集めることで大口化して、借り手企業に融資するしくみです。基本的には、クラウドファンディングで募集した時点で利率が決まっていて、毎月金利が支払われます。

②ファンド型クラウドファンディング

新商品開発や新たなビジネスモデルの構築などのビジネスプロジェクトに出資を募り、そのビジネスプロジェクトで利益が発生したときに投資額に応じた分配金を受け取ります。

③株式型クラウドファンディング

起案者は個人ではなく、株式会社が行う資金調達です。支援者は投資をする代わりに起案企業の未公開株式を受け取ることができます。

ブロックチェーン

ブロックチェーンは、情報を記録するデータベース技術の一種で、インターネット上の暗号化したデータをブロックと呼ばれる単位で管理し、そのブロックを改ざんできないように鎖（チェーン）のように連結して保管するシステムです。データは数十分間隔でブロック化され、チェーンとしてつながれていくので、他のブロックが侵入することは極めて困難です。

ブロックチェーンの最大の特徴は、ブロック化されたデータを不特定多数のコンピューターに分散し、共有する**分散型台帳システム**を採用している点です。連結し、ブロック化されたデータを複数のコンピューターで管理するため、仮に誰かひとつのコンピューターの情報が改ざんされても、その他のコンピューターの台帳と照合することで、紛失、改ざん、なりすましなどがすぐにわかるしくみになっています。また、複数のコンピューターでデータを管理しているため、一部のコンピューターがダウンしても、残りの多数のコンピューターがデータを保持し続けるため、システム全体がダウンすることはありません。

従来の中央にサーバーを置く中央集権的なセキュリティシステムではないため、巨額な資金を投資する必要もなく、低コストで極めて安全性が高いセキュリティシステムを

実現することができます。

　ブロックチェーンは、暗号資産（仮想通貨）のビットコインのセキュリティ技術として開発されましたが、現在では、住民票管理、不動産取引、医療データ管理、著作権管理、食品管理、選挙運営など、多くの分野で活用されています。

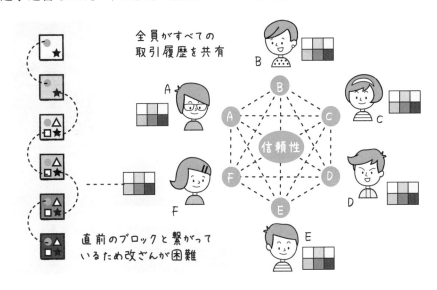

NFT

　NFTは、Non-Fungible Tokenの略で、非代替性トークンと言います。非代替性トークンとは、替えが効かない、ブロックチェーン技術を使用して発行した「暗号資産」のことです。

　NFTは、唯一無二を証明する鑑定書、所有証明書が付与されること、改ざんされにくいブロックチェーン技術を使っていること、いつ誰が取引したかの履歴が残ることが特徴です。本物（オリジナル）か、制作者は誰なのか、所有権は誰なのかといった情報の透明性が高く明確に記録されているため、NFTは資産価値を持つようになり、新たなデジタルコンテンツ市場として期待されています。

＞代替性と非代替性

　代替性は、替えが効くこと、つまり交換が可能なものを言います。例えば、お金の場合、同じ1万円札は、ほかの1万円札と交換しても、価値は変わりません。

　非代替性は、替えが効かない、つまり同じ価値では交換ができないものを言います。例えば、映画や舞台などのパンフレットの場合、販売されているもの自体は代替性のあるパンフレットですが、その映画や舞台に出演されている人の直筆サイン入りのパンフレットとなると非代替性のあるものとなり、販売されているサインの入っていないパンフレットとは価値が違ってきます。

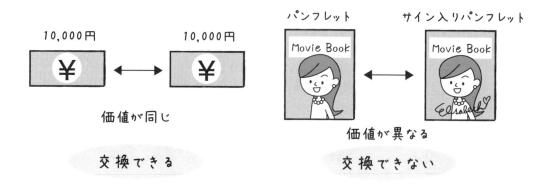

デジタルコンテンツの価値

これまでのデジタルデータは、有名イラストレーターが描いた絵でも、著作権の問題がありますが、簡単にコピーすることができます。そのデジタルデータを自分のコンテンツ内で使用したりメールやSNSなどに添付して人に配布したりすることができます。このようなコピーが可能なデジタルコンテンツには資産価値は付くことはありません。

しかし、NFTはこれがオリジナルのデジタル原画であるということを証明することができます。そして、たった一枚しかないそのデジタルデータの所有権を持つということは、世界でひとつのデジタル資産ということになり、資産価値も生まれます。2021年3月には、Twitter創業者のジャック・ドーシー氏の出品した同氏の初ツイートが約291万ドル（3億円）で落札されたことは有名です。

また、NFTで発行する量をコントロールすることもできます。例えば、1000人に配布したいなら、NFTを1000人に発行し、市場に出すことができます。実際に、鉄腕アトムの1000枚のNFTアートが3万円で販売されたといった事例もあります。

NFTビジネス

NFTは、各分野で利用され始めています。イラストや絵画をはじめ音楽などのデジタルアート、アイドルやアニメ、ゲーム、スポーツですでに取り入れられていますが、知的財産を持つ企業も参入してきています。また、これからは教育分野の教材コンテンツにも期待が寄せられています。

NFTのマーケットプレイスにはOpenSea（オープンシー）、Rarible（ラリブル）といった海外の大手がありますが、国内にもAdam by GMO、コインチェックのほか、LINEや楽天、メルカリも参入し始めました。NFTの取引では、通常イーサリアムの暗号資産（仮想通貨）が使われていますが、国内企業の参入によって、クレジットカードや日本円でも取引できるようになりました。

Q&A

Question 15

ブロックチェーンに関係するものは、次のうちどれでしょうか。

①2段階認証　　②プロキシサーバー　　③ファイアウォール

④分散型台帳システム

Answer 15

　ブロックチェーンは、中央にサーバーを置く中央集権的なセキュリティシステムではなく、ブロック化されたデータを不特定多数のコンピューターに分散して共有するものです。

　④の「分散型台帳システム」が正解です。

Question 16

主にブロックチェーン技術を使って、インターネット上で電子データのみで電子決済や取引を行うものは、次のうちどれでしょうか。

①クレジットカード　　②デビットカード　　③QR決済　　④暗号資産

Answer 16

　暗号資産(仮想通貨)は国が発行取引している通貨(法定通貨)ではなく、インターネット上で発行される通貨 (電子データ資産) です。インターネット上での決済や送金に用いられ、世界中の取引所で法定通貨とまたは暗号資産同士の売買が行われています。代表的な通貨としてビットコインやイーサリアムがあります。

　④の「暗号資産」が正解です。

Question 17

NFTの説明としてふさわしくないものは、次のうちどれでしょうか。

①代替不可能なデジタルデータである。

②ブロックチェーン技術を使用して発行した「暗号資産」である。

③唯一無二を証明する鑑定書、所有証明書が付与される。

④現物の宝石や絵画などのような資産価値はない。

Answer 17

　NFT (Non-Fungible Token) は、非代替性トークンという意味をもつ言葉で、唯一無二の代替不可能なデジタルデータです。

　簡単にコピーすることができるデジタルデータには資産価値は付くことはありませんが、ブロックチェーン技術を使って世界でひとつのデジタル資産であることを証明することができるようになり、資産価値が認められるようになりました。

　④が正解です。

Q&A

Question 18 ⋯⋯⋯⋯⋯⋯⋯⋯⋯⋯⋯⋯⋯⋯⋯⋯⋯⋯⋯⋯⋯⋯⋯⋯⋯⋯⋯⋯⋯⋯⋯⋯⋯⋯⋯⋯

テレワークのワークスタイルに関係ないものは、次のうちどれでしょうか。

①ワーケーション　　②モバイルワーク　　③コワーキング　　④C to C

Answer 18

④のC to C（Consumer to Consumer）はECの取引方法で、消費者同士が商談を進める消費者間取引のことです。テレワークには直接関係ありません。
④の「C to C」が正解です。

Question 19 ⋯⋯⋯⋯⋯⋯⋯⋯⋯⋯⋯⋯⋯⋯⋯⋯⋯⋯⋯⋯⋯⋯⋯⋯⋯⋯⋯⋯⋯⋯⋯⋯⋯⋯⋯⋯

DXの例としてふさわしいものは、次のうちどれでしょうか。

①テレビ放送が、デジタル放送化された。

②電話や手紙であった連絡手段が、Eメールやチャットツールなどにかわった。

③専用アプリを使って配車サービスを受けられるようになった。

④オンラインで授業が受けられるようになった。

Answer 19

DXは新たなデジタル技術を活用し、抜本的なビジネスにおける業務プロセスや製品・サービスを見直し、新規ビジネスモデルを立ち上げ、変革していくことを目指すことです。
③が正解です。

Question 20 ⋯⋯⋯⋯⋯⋯⋯⋯⋯⋯⋯⋯⋯⋯⋯⋯⋯⋯⋯⋯⋯⋯⋯⋯⋯⋯⋯⋯⋯⋯⋯⋯⋯⋯⋯⋯

クラウドファンディングの説明としてふさわしくないものは、次のうちどれでしょうか。

①団体ではなく個人でも起案者になることができる。

②支援者には、成果物やサービス、金銭などの見返り（リターン）が還元される。

③FinTech機能のひとつで、銀行などの金融機関から融資を受けるしくみのこと。

④支援者に見返り（リターン）はない寄付型のクラウドファンディングもある。

Answer 20

起案者、支援者ともに団体に限らず個人で行うことができ、プロジェクトが成立したら、支援者は起案者から成果物やサービス、金銭などの見返り（リターン）を受け取りますが、被災地の支援など社会貢献性の強いプロジェクトで利用される寄付型のクラウドファンディングのようにリターンは発生しない場合もあります。
③が正解です。

#03

情報モラルを理解する

3-1　ネット時代のトラブル

インターネットの普及とトラブル

インターネットは社会に急速に普及、浸透し、便利なツールとして生活の一部になってきましたが、さまざまな問題点も指摘されています。

例えば、インターネット上でのコミュニケーションの問題、個人情報やプライバシーの問題、コンピューターウイルスの問題、コンピューター犯罪の問題などです。これらの問題を起こすことがないように、また巻き込まれることがないように、情報モラルをしっかりと身につけることが大切です。

情報モラルとは、多くの情報やインターネットと関わりを持つ情報化社会で適切に活動するために求められる道徳のことを言います。正しい知識と判断力を養い、自分にふりかかる危険を回避し、他人を害することがないようにしなければなりません。

ここでは、具体的にどのような問題が生じているのか、また生じる可能性があるのか、それに対してどのような対処を行っていくべきかについて考えます。

掲載する行為に伴う責任

インターネット上に情報を掲載する際に、心に留めておかなければならないことは、まず掲載した情報は、不特定多数の人に閲覧される可能性があるということです。

仮に、グループ仲間を限定して情報を発信したとしても、そのグループの誰かが他のSNSなどに投稿してしまったら、その時点からその情報は不特定多数の人の目に触れることになります。

次に、掲載した情報は拡散され、インターネット上にどんどん広がっていく可能性があるということです。一度、情報が拡散してしまうと、たとえ投稿元の情報を削除したとしても、その情報はインターネット上のどこかに残り、永遠に消えることはありません。インターネット上に公開された情報はなかなか消すことができないことを表す**デジタルタトゥー**という言葉もあるくらいです。

デマ情報を流す、悪ふざけの投稿を行う、ネットいじめをするといった行為は、グループ内だけの情報共有に留まらず、情報の拡散によって多くの人に周知されることとなり、社会問題として取り上げられることがあります。それによって相手に甚大な被害を与えてしまうと名誉毀損罪、信用毀損罪、業務妨害罪などの罪に問われ、損害賠償請求をされることもあります。

情報を掲載する行為には、常に責任が伴うということを自覚しなければいけません。

　情報漏洩とは、外部に漏れないようにしていた情報が何らかの要因により漏れてしまうことを言います。

　情報漏洩の要因は、操作ミス、コンピューターなどの紛失や置き忘れ、情報の不正な持ち出しといった内的要因（過失）と不正アクセス、インターネット上への公開、コンピューターなどの盗難といった外的要因（故意）に分けられます。

　情報漏洩の要因は、外部からの犯罪的な行為に着目されがちですが、そのような外的要因よりも内的要因による情報漏洩のほうが多く発生しています。

　まずは、**内的要因**についてそれぞれ解説します。

＞管理ミス

　サーバーやデータベースへのアクセス権限の管理、ウイルスへの対策といった情報管理の甘さが要因となって情報が漏洩することがあります。

　情報管理に対する意識の低さが招くものです。

＞操作ミス

　「宛先を間違えてメールを送ってしまった」「誤った添付ファイルを送ってしまった」といった単純な操作ミスが要因となって情報が漏洩することがあります。

　不注意と情報管理に対する意識の低さが招くものです。

＞紛失・置き忘れや不正な情報の持ち出し

　コンピューター、スマートフォン、USBメモリなどの紛失や置き忘れ、会社の顧客情報などの重要なデータや資料、友人や知人の個人情報などの外部への持ち出しなどが要因となって情報が漏洩することがあります。

　これも不注意と情報管理に対する意識の低さが招くものです。

次に**外的要因**についてそれぞれ解説します。

❯不正アクセス

不正アクセスによるハッキング行為、ウイルスへの感染、アカウントの乗っ取りなどが要因となって情報が漏洩することがあります。この行為によってコンピューターやサーバーに保管されている情報が改ざんされたり、データが流出したりします。

セキュリティ管理に対する意識の低さが招くものです。

❯インターネット上に公開

氏名や年齢、住んでいる場所、家族の名前や年齢、勤め先など個人を特定できる内容を含んだコメントや写真などをインターネット上に公開することが要因となって個人情報が漏洩することがあります。

情報モラルやマナーについての意識の低さが招くものです。

❯ハードウェアの盗難

アクセス権限や認証システムの設定がなされていないコンピューターやスマートフォン、USBメモリなどの盗難が要因となって情報が漏洩することがあります。

セキュリティ管理に対する意識の低さが招くものです。

違法行為

インターネット上に公開された情報に触れる際、あるいは自らが情報を公開する際に多くの人が行いがちな違法行為として、次のようなものがあります。

＞ 違法コピー

インターネット上に公開されている芸能人や著名人の写真などを、無断で自分のSNSなどに掲載することは、著作権法に触れる違法行為です。同様に、録画したテレビ番組や撮影したイベント、コンサートなどの映像を無許可でインターネット上に公開することも違法な行為です。

情報の公開者は、著作権法違反で罰せられます。また、これらを違法なコピー（複製）だと知りながら、ダウンロードして閲覧したり、購入したりした人も罰せられます。

＞ 不正アクセス

コンピューターやスマートフォンを使うため、またインターネット上のサービスを利用するために、ログインに必要な**アカウント**や**ID**、**パスワード**を聞き出したり、盗んだり、推測して、不正にコンピューターやサーバーにアクセスすることは、不正アクセス禁止法に触れる違法行為です。アクセスして、データを改ざんしたり、情報を盗んだりしなくても、アクセスする行為だけで違法行為となります。

＞ 盗用

他人がインターネット上に公開した写真や文章を、まるで自分の写真や文章のふりをして公開する盗用行為は、著作権法に触れる違法行為です。写真やイラストで「フリー素材」として公開されているものでも、実は著作権を放棄していないものもありますので、使用にあたってはライセンスをしっかり確認して使用条件や使用範囲を理解しなければいけません。

❯闇サイト

　犯罪などの違法行為を行ったり、誘発したりするWebサイトのことを**闇サイト**と言います。殺人など犯罪行為を請け負ったり、児童ポルノ画像を公開したり、違法薬物や拳銃などの売買、売春志願者や自殺希望者の募集など、非社会的なことを内容とした情報をインターネット上に掲載しています。爆弾の製造方法の解説、自殺方法の紹介など、それだけでは違法とは言えない情報を掲載しているWebサイトも含めてこのように呼ばれています。

　これらの闇サイトは、社会的にも問題になっており、サーバーの管理者や警察などで検閲を行い、摘発された場合にはそのWebサイトは削除されますが、情報の掲載者は巧みにURLやサーバーを移転させながら規制をかいくぐって、削除されてもWebサイトを再度立ち上げ、情報公開を続けます。

　サイトの閲覧者は、そのサイトを見て危険物を作成したり、犯罪行為に加担したり、違法物を購入したりすると罰せられます。

　好奇心からむやみにこのような有害サイトにアクセスしないようにしましょう。

❯インターネット上での発言

　インターネット上のWebサイトなどでの発言は、たとえ冗談のつもりだったとしても、その内容によって犯罪となる可能性があります。

　実際にその犯罪を行わなくても、「○○中学校で爆破テロを起こします」「○○を殺す」などの犯罪予告や殺人予告、特定の人物を誹謗中傷するために実名を挙げて「○○が万引きをしているところを見た」などの発言は、刑法に触れる違法行為です。

　Webサイトでの発言だけでなく、メールやSNS上での発言などで脅すような行為も同じです。

インターネット依存症

　食事中、勉強中、仕事中など、日常生活のいかなるときでもメールやLINEが気になるといった、インターネットを利用したサービスに過剰に依存した状態を**インターネット依存症**と言います。

　2017年度の厚生労働省の調査によるとインターネット依存の中高生が国内で93万人となり、5年で2倍近くに増えたと報告されています。

　インターネットの一日の利用時間は、高校生以上になると4時間未満が最も多く、次いで5時間以上という長時間使用をしている実態が明らかになりました。インターネット依存症と見られる中学生は12.4%、高校生が16.0%と推測されています。インターネット依存症になると成績低下、授業中の居眠り傾向が高まるという結果も出ています。

　インターネット依存症には、携帯電話やスマートフォンの使用がやめられず、日常生活の大半の時間を携帯電話やスマートフォンの使用に費やしてしまう**携帯/スマホ依存**、SNSの投稿や閲覧がやめられない**SNS依存**、YouTubeの動画閲覧がやめられない**YouTube依存**、普段の生活に支障をきたすほど、オンラインゲームにのめり込んでしまう**オンラインゲーム依存**、相手からのメールの返事がないと不安になるなど、常にメールをチェックしないと気が済まない**メール依存**、自分自身の情報を検索し、世間からどのように見られているのか常にチェックしないと気が済まない**エゴサーチ**、実際に会ったこともない人の写真アルバムを見続ける**フォトラーキング**、体の調子が悪いとすぐにインターネットで検索し、自分で病名を判断し病気だと思い込む**サイバーコンドリア**などの種類があります。

　インターネット依存症を予防するためには、自分のインターネットの依存度を知ることが大切です。一日どのくらいの時間をインターネットの閲覧やサービスの利用に使っているのか一度調べてみましょう。

Q&A

Question 21

無免許で車を運転する様子の写真や動画を、LINEの仲のよい友達グループに限定公開で投稿しました。この投稿は投稿者のグループのメンバー以外の人の目に触れる可能性はあるでしょうか。

①ある　　②ない

Answer 21

SNSなどで限定公開した場合、投稿した情報はグループ指定されたメンバー以外は見ることはできないことになっています。しかし、グループの仲間のうちの1人が限定公開されたグループ以外のメンバーに知らせたり、他のSNSにその内容を投稿してしまえば、グループのメンバー以外の人も見ることができるようになります。したがって、目に触れる可能性がないとは言えません。

①の「ある」が正解です。

Question 22

次のうち、情報漏洩に繋がる可能性が最も高いのはどれですか。

①プログラミング　　②情報検索　　③SNS投稿　　④ウイルス感染

Answer 22

ウイルスには、感染するとメール内容などを外部に配信してしまう働きをするものがあり、最も情報漏洩の可能性が高いと言えます。③のSNS投稿は、家族構成、年齢、個人写真、家の所在地が分かる写真や文章の投稿をすると個人情報の漏洩に繋がることもあるので注意が必要です。①の「プログラミング」と②の「情報検索」は、情報漏洩に繋がる可能性はあまりありません。

④の「ウイルス感染」が正解です。

Question 23

爆弾の作り方のWebサイトを見つけ、興味を持った仲間でそれを作ってみました。作った爆弾は使用していません。この行為は違法行為になるでしょうか。

①なる　　②ならない

Answer 23

使わなかったとしても、爆弾を作り、その行為が誰かの目に触れ、摘発された場合には、爆発物取締罰則違反になります。爆弾の製造方法を解説したWebサイトを見て、爆発物を製造したという事件が時々ニュースになります。爆発物の原料も、インターネットの通信販売で購入することができるのが現状です。非社会的な情報をインターネット上に掲載している闇サイトと呼ばれるサイトは閲覧しないようにしましょう。

①の「なる」が正解です。

Q&A

コンピューターやインターネットの利用方法で、違法行為とならないのは、次のうちどれでしょか。

①販売されているDVDの映像をWebサイトで公開　　②メールで殺人予告
③友人のIDやパスワードを勝手に他人に教える　　④フォトラーキング

Answer 24

①の「販売されているDVDの映像をWebサイトで公開」は、著作権法に触れる行為、②の「メールで殺人予告」は、刑法に触れる行為、③の「友人のIDやパスワードを勝手に他人に教える」は、不正アクセス禁止法に触れる行為となります。④の「フォトラーキング」は、インターネット依存症のひとつで、会ったこともない人の写真アルバムを見続ける行為です。違法行為ではありませんが、症状が深刻になると仕事や学校、日常生活に支障が出るほどになり、その行為がやめられないようになってしまい、健康を害する場合もあります。

④の「フォトラーキング」が正解です。

Question 25

自分がSNSなどでどのように言われているのか気になって、時間があれば調べるという行為は、インターネット依存症であると言えるでしょうか。

①言える　　②言えない

Answer 25

依存症の可能性があります。自分自身のことを調べる行為を「エゴサーチ」と言います。自分についての書かれ方が気になって仕方がない状態に陥り、調べることが日課になってしまいます。好意的な評価ばかりであればよいのですが、過激な誹謗中傷や悪口も書かれることがあります。その内容を苦にして、うつ病や対人恐怖症になり、自殺に追い込まれるという事例もあります。

①の「言える」が正解です。

文字中心のコミュニケーション

インターネット上で「バカ！」「死ね！」「殺すぞ！」というような言葉を投げかけられたら、どのように対応すればよいでしょうか。

これらの言葉は発する側にとっては軽い冗談のつもりでも、メールやSNSなどでこのような言葉を受け取る側は、ドキッとすると同時に怖さを感じます。

これが対面による日常の会話の中での発言で、会話の雰囲気から悪意のない言い方だとわかれば軽く聞き流すこともできますが、メールやSNSなどで活字で表記されると心に突き刺さります。

インターネット上ではリアルな日常のコミュニケーションよりも、誹謗中傷など言葉の暴力が激しくなりがちです。このような心ない言葉の暴力を苦に自殺した人もいます。

日常生活における私たちのコミュニケーションは、文字だけではありません。相手の身振り手振りや顔の表情、声の大小や調子、話すスピード、イントネーションなどを含め、相手の発言内容を総合的に判断します。

しかし、メールやSNSなどによる文字中心のコミュニケーションでは、相手の発言内容を判断する情報が限られてしまい、相手に誤解を与えたり、悪気がなくても不愉快な思いをさせたりしてしまう可能性があります。

メールやSNSでコミュニケーションをするときには、それを受け取る相手の気持ちをよく考え、できるだけ丁寧に文章を書くことを心がける必要があります。決して、相手を不愉快にさせたり、ケンカの原因となるような発言をしたりしないようにしましょう。

インターネット上でコミュニケーションをするとき、「!(^^)!」、「(*^_^*)」、「"^_^"」などの顔文字を使って感情表現をしたり、絵文字を使うことで相手への誤解の可能性を軽減させることができます。

なりすましや匿名

　インターネット上で繋がっている友達の中には、実際に会ったことのない人もいると思います。インターネット上で知り合った人と実際に会ってみると自分の描いていたイメージとは違うということもよくあります。

　実際に対面していないことをいいことに**なりすまし**をする人がいます。なりすましをすることで自分とは違った別人格を楽しんでいる人もいます。写真やプロフィールの偽装は簡単にできてしまいますので、インターネット上で公開しているプロフィールとは、顔が違う、年齢が違う、性別が違う、人格が違うということがありえます。写真は、本当に本人の写真なのでしょうか。プロフィールは本当にその人のものなのでしょうか。インターネットを介してのコミュニケーションだけでは人格まではわかりません。なりすましを利用した、恋愛詐欺や結婚詐欺などの事件や犯罪が増えています。

　また、インターネット上のコミュニケーションは、**匿名**で行うことができます。相手のことを気にせず自由に意見が言えるという利点がありますが、中には実名でないことをいいことに、人格が変わり、暴力的な発言を行う人、犯罪行為を行う人もいます。

ネチケット

　インターネットを利用するときに心がけるマナーとエチケットのことを**ネチケット**と言います。心ない暴力的な言葉を使わない、使われてもやり返さないことが原則です。お互いが深く傷つくだけで、何の得にもなりません。

　もし、相手からしつこく誹謗中傷などの侮辱行為を受けた場合は、自分一人で悩んだり、解決したりしようとせずに、まずは周りの人に相談しましょう。状況に応じて警察やインターネット上のトラブルに詳しい弁護士に相談することもひとつの対応策です。

Q&A

Question 26

インターネット上での発言や投稿（コメント）は、何か問題が生じればすぐに削除できるので証拠は残らないと考えてよいでしょうか。

①はい　　②いいえ

Answer 26

本人がその発言や投稿（コメント）を消したとしても、コミュニケーションツールを運営するサービス会社のWebサーバーの記録までは消すことができません。また、そのコメントを受信したり、共有されたりした場合にはその記録も消すことはできません。

②の「いいえ」が正解です。

Question 27

インターネット上のコミュニケーションは、リアルな日常のコミュニケーションより言葉の暴力が生じやすいと考えてよいでしょうか。

①はい　　②いいえ

Answer 27

インターネット上のコミュニケーションは、文字中心のコミュニケーションであること、匿名、なりすましもできることから、リアルに対面してコミュニケーションをとるよりも言葉使いの配慮に欠ける可能性が高くなります。おとなしい性格の人がインターネット上では人格が変わり、暴力的になる人もいます。

①の「はい」が正解です。

Question 28

自分のSNSの投稿記事に対して、誹謗中傷する内容のコメントが寄せられました。このコメント相手に対して、どのような対応が好ましいでしょうか。

①言い返す　　②言い返さない

Answer 28

誹謗中傷する内容のコメントに対して相手を非難するような返事を送ることは避けましょう。お互いに感情的になり、誹謗中傷を繰り返すとお互いに心が傷つきます。あなたが言い返さないでいても、しつこく誹謗中傷してくる場合は、一人で悩んで行動せず、周りの人に相談しましょう。警察のサイバー犯罪相談窓口やインターネット上のトラブルに詳しい弁護士に相談するのもひとつの対応策です。

②の「言い返さない」が正解です。

3-3 情報の信ぴょう性

デマ情報

　根拠のないうわさ話を**デマ情報**と言います。SNSなどの投稿は、多くの人に注目されたいという気持ちから、より好奇心を煽るような情報にしたり、人目を引くように情報を大げさに表現したりする傾向にあります。その情報が拡散されていく間に、段々と内容が偏っていき、根拠のないウソの情報、デマ情報となっていくこともあります。

　デマ情報に翻弄されることのないように、インターネット上の情報の真偽を見極める判断力を養いましょう。また、情報を誰かに伝えるときは、真偽を確認してから責任をもって伝えるようにしましょう。

　デマ情報の同意語で、事実とは違う虚偽の情報や報道を**フェイクニュース**と言います。政治的に世論を誘導するための虚偽報道、SNSウケや拡散を狙った虚偽やデタラメな投稿はフェイクニュースと言われることが多くなりました。

デマ情報拡散による風評被害

　「○○時間以内に○○地方にも大地震！」「台風の土砂崩れで○○村が壊滅状態！」、「火山噴火の影響で○○の観光地は危険！」「○○などの救援物資が不足！」。

　災害時には、不安な状況が続くため、災害状況などさまざまな情報が錯綜し、誤った情報も多く出回り、デマ情報が拡散されやすくなります。あやしい情報はまず冷静に周りの人や他のニュースなどで確認し、むやみに反応しないように注意しましょう。

災害時のデマ情報は、混乱を招き、不安を煽るだけでなく、救助活動にも支障を及ぼすことがあります。また、デマ情報の拡散により、災害地で使える限られた通信環境に負荷がかかり、電話やインターネットが繋がらなくなり、混乱を招く原因となります。

根拠のないデマ情報による被害を**風評被害**と言います。2011年の東日本大震災や2016年の熊本地震でも、風評被害が発生し混乱を招きました。これらの大きな震災時に限らず、根拠のないデマ情報による風評被害が増えています。

「○○の和菓子屋は賞味期限切れの商品を販売している！」「○○店は不衛生でラーメンにゴキブリや虫の死骸が入っていた！」「○○会社は事業拡大に失敗し借金地獄！」。

これらはすべて、実際に流されたデマ情報です。この影響で客足は減り、取引も中止になり、倒産に追い込まれた例もあります。このようなデマ情報を流す行為は、信用毀損罪、名誉毀損罪、業務妨害罪として訴えられることや、場合によっては、損害賠償を請求されることもあります。自らが発信するのではなくTwitterでデマ情報を流したツイートをリツイートすることで拡散に加担した人にも罰則が適用されることがあります。

デマ情報の事例

具体的に社会で話題となったデマ情報の事例を、2つ紹介します。

＞事例1　コロナ禍

2020年2月に「トイレットペーパーは中国産が多いため、新型コロナウイルスの影響でトイレットペーパーが不足する」というデマ情報が流れました。

この情報はすぐに「デマ情報である」とSNSやテレビ、新聞などで報じらたおかげで、多くの人は信じていませんでした（その後の総務省の報告書では信じた人は約6％）。しかし、トイレットペーパーは店頭からなくなりました。これは、デマだとわかっているが、このデマ情報を信用してトイレットペーパーを買い占める人がいるのではないか、その前に買っておこうという人が大勢いたためでした。

＞事例2　冤罪事例

2019年8月に常磐自動車道であおり運転を繰り返した揚げ句、相手の車を停車させてドライバーを殴った男性と同乗していた女性が逮捕されました。

このニュースはテレビなどで広く報道され、男がドライバーを殴る様子の映像に加害者（男性）の交際相手（ガラケー女とネットでは呼ばれた）が映り、この女性は誰なんだという犯人探しが行われました。そして、この女性を見つけたという投稿で実名まで公開されましたが、それはデマ情報でした。

犯人に間違えられた女性には多数の電話による嫌がらせやインターネットでの無根

拠な誹謗中傷が繰り返されました。被害にあったった女性は、デマ情報を投稿した人たちへ損害賠償請求を起こし、名誉毀損として投稿者に33万円の賠償が命じられました。

デマ情報の見分け方

デマ情報に翻弄されないように、正しい情報かどうか、情報の真偽を確認する習慣を身につけることが大切です。たとえTwitterのツイートに「拡散希望！」などと書かれていたとしても、真偽のわからない情報はリツイートしないようにしましょう。

デマ情報の見分け方として、次の4つについて確認する方法があります。

＞情報源の確認

その情報の発信源を確認することです。どこの誰による情報なのか、その情報を発信した人の過去の投稿内容、プロフィールなどの確認です。個人が匿名で発信している情報は注意が必要です。

＞いつの情報なのかの確認

現在起きている出来事に関する情報なのかどうかという確認です。5年前、10年前に起こった出来事の情報が、いま現在起こっている出来事の情報のごとく発信されていることがあります。

＞ほかのメディアでどのように報道されているかの確認

複数のメディアやほかの投稿の確認です。ひとつのメディアの一人の投稿記事で判断するのではなく、ほかのメディアではどのように報道されているのか、どのような情報が流されているのか、ほかの人はどのように投稿しているかについて確認しましょう。

＞表現内容の確認

デマ情報にはいくつかの共通する表現が使われています。流された情報の中に下記のような表現がある場合は注意が必要です。

- 「だそうです」「らしいです」「みたいです」といったあいまいな言いまわしで断定的な表現をしていない。
- 「知人から聞いた話によると」「○○の噂では」「情報筋によると」といった自分が直接見たり聞いたりした情報ではなく、情報元があいまいな表現となっている。
- 「絶対」「必ず」「重大な」「大至急」「全滅」といった強調表現を過度に使い、煽るような表現をしている。

Q&A

Question 29

インターネット上に掲載される情報はすべて検閲されているので、誤った情報やデマ情報が掲載されることはないと考えてよいでしょうか。

①はい　　②いいえ

Answer 29

インターネット上には誰でも自由に情報を発信することができます。インターネット全体を管理している機関はありません。したがって、正しい情報だけが掲載されているとは限りません。正しい情報よりもデマ情報やウソの情報の方が多いという調査報告もあります。

②の「いいえ」が正解です。

Question 30

デマ情報はWebサイトやSNSなどのインターネット上の情報でのみ拡散するものであると考えてよいでしょうか。

①はい　　②いいえ

Answer 30

WebサイトやSNSによってデマ情報が拡散されることが多いですが、人伝えによる口コミや、テレビ、新聞、雑誌などのマスメディアでもデマ情報が流れることもあります。マスメディアでは、しっかりとその情報が間違いないことを確認してから掲載されますが、稀にガセネタと言われるデマ情報などが掲載されてしまうこともあり、フェイクニュースと言われます。

②の「いいえ」が正解です。

Question 31

デマ情報を流しても、あまり拡散されなければ犯罪にはならないと考えてよいでしょうか。

①はい　　②いいえ

Answer 31

デマ情報は、拡散され多くの人に知られることで名誉毀損や業務妨害で訴えられることが多いのは事実です。しかし、名誉毀損罪や侮辱罪は、親告罪ですので、被害者が訴えれば犯罪として取り扱われることになります。犯罪になるかならないかは、情報が拡散されたかどうかではなく、公開されたデマ情報によって被害を受けた人がどう感じたかによります。

②の「いいえ」が正解です。

Q&A

Question 32

デマ情報はその情報を発信した人は罪になりますが、デマ情報とは知らずにその情報を拡散させてしまった人は罪にはならないと考えてよいでしょうか。

①はい　　②いいえ

Answer 32

情報を発信した人だけではなく、その情報を拡散させた人も罪に問われることがあります。名誉毀損罪や侮辱罪は、被害者が訴えれば、犯罪として取り扱われることになるので、たとえ興味本位で情報を拡散してしまっただけでも、またデマ情報だと知らなかったとしても罪に問われる可能性があります。

②の「いいえ」が正解です。

Question 33

情報源を確認すればその情報の真偽を判断できると考えてよいでしょうか。

①はい　　②いいえ

Answer 33

情報源の確認だけでは不完全です。疑わしい情報は、いつの情報なのか、ほかのメディアでどのように報道されているか、あいまいな表現をしていないかなど多面的に確認することが必要です。

②の「いいえ」が正解です。

3-4　悪ふざけによる非常識な投稿

悪ふざけ投稿

　Facebook、Twitter、LINE、InstagramなどのSNSやYouTubeなどの動画サイトに悪ふざけをしている様子を投稿することを**悪ふざけ投稿**や**不適切投稿**と言い、非常識な行動や迷惑行為を悪ふざけ投稿する人は、**バカッター**と言われます。

　中でも、アルバイト店員が店の商品や備品を使って悪ふざけをし、その様子をSNSなどに投稿する**バイトテロ**と言われる行為や、お客という立場を利用して従業員に悪質なクレームを付け、謝罪させ、その様子をSNSなどに投稿する**カスハラ（カスタマーハラスメント）**が社会問題となっています。

　おもしろい、目立ちたい、注目されたいという理由で、悪ふざけ投稿をする人があとを絶ちません。非常識な言動、迷惑行為、犯罪行為など「冗談のつもりでした」では済まないものも多くあります。

　これらは、一般社会での当たり前のルールを守れないというモラルの欠落がひとつの原因として考えられますが、もうひとつ、SNSの特性である「内輪のコミュニケーションツールとして利用される傾向」の強さも原因として考えられます。

　SNSを長く続けていると、決まった仲間内だけでの情報交換となり、決まったやり取りが増えてきます。最初は「誰でも見られるもの」と投稿内容に気を付けていても、やり取りする相手が固まってくるうちにその意識が薄れ、「他の人は見ないだろう」という気持ちになってしまうという傾向が見られます。

　スマートフォンで撮影した写真や動画は、誰でも簡単にインターネット上に公開することができます。道徳やマナーに反することなく、正しく使う分には、趣味嗜好の合う友達と情報を共有し合い、楽しむことができます。しかし、道徳やマナーに反した投稿は、周りの人にも多大な迷惑をかけ、場合によっては訴訟、裁判、損害賠償に発展することもあります。

　大きなトラブル、事故、犯罪にならないように悪ノリした言動を投稿しないように気を付けましょう。そして、インターネット上への情報の公開について、次のことをしっかりと認識しておきましょう。

- 不特定多数の人に見られる可能性があること
- 自分たちだけが見て楽しむものではないこと
- 匿名で投稿しても実名が発覚すること
- 自分の投稿を削除しても、拡散した投稿は消せないこと

悪ふざけ投稿のタイプ

悪ふざけ投稿をしてしまう動機として考えられるものに、大きく分けて次の2つのタイプがあります。

＞注目されたい

おもしろいことを投稿して、みんなの注目を浴びたいという短絡的な考えによる投稿です。例えば、お店の商品や備品で悪ふざけをする、バスに飛び乗る、パトカーの屋根に乗ってはしゃぐ、自動車を暴走させる、子供に自動車を運転させるといった悪質な行為、犯罪行為がこのタイプの例です。

悪いことをしているという意識が低く、世間から批判を浴びるとは思ってもいません。それどころか、みんなの共感を得られるとさえ考えてその行為を行っています。その投稿を見た人からの苦情やクレームなどでSNSが炎上し、世間の批判を浴びるようになって、はじめて自分の投稿した行為の非常識さに気付かされます。

＞仲間内で楽しみたい

仲間以外は閲覧できないように公開範囲の制限をかけ、仲間内で楽しんだり、自慢したりしたいという考えによる投稿です。例えば、飲酒運転、テストのカンニング、万引き行為、未成年の飲酒や喫煙といった悪質な行為、犯罪行為がこのタイプの例です。

限定された仲間だけしか見られないということから、いたずらや悪ふざけをした言動の投稿を行い、楽しむグループがいますが、このようなあまりにもモラルを逸脱した内容は、外部に漏れ伝わることがあれば、当然批判を浴びることになります。

実際に、仲間内でのウケを狙った投稿が、何らかの理由によって外部に流出、拡散し、社会的に問題となったケースが多く見られます。

悪ふざけ投稿の事例

具体的に話題となった悪ふざけ投稿の事例を紹介します。

＞事例　流し場で入浴

あるホテルで皿洗いのアルバイト（男子高校生）が、食器洗い用のためにお湯を溜めておく流し場の中で入浴をしている動画をSNSにアップしたところ、その投稿はまたたく間に拡散しました。

投稿の内容に「○○ホテルの洗い場」などという文章があったことから、すぐにホテル側もこの事態を把握し陳謝しました。

ホテルは、洗い場はもちろんホテル内の全食器を洗浄、消毒をすることとし、その作業のため予約のパーティやイベントはキャンセル、宿泊予定の人たちにも料理の提供ができないという理由で宿泊をキャンセルしてもらうこととなり、併設するレストランの営業も休止し、損害は数百万円から数千万円規模に及びました。ホテルは、警察に被害届を提出し、男子高校生は学校を退学することになりました。

　損害賠償がホテル側から請求されましたが、男子高校生は未成年のため、両親が損害賠償金を支払うことになりました。

　このように、悪ふざけ投稿によって損害を及ぼしたり、お店や会社の信用を失墜させ、営業停止や閉店に追い込んだりした場合には、損害賠償を請求されることもあります。また、破損行為をしているなど、投稿の内容によっては、器物損壊罪にもなります。さらに、加害者（批判の対象者）は、インターネット上に顔写真や実名などの個人情報が晒され、過剰なバッシングを浴びせられるという状況になることもあります。

　ほかにも実際に起こった悪ふざけ投稿の事例として、次のようなものもあります。

- コンビニで客がアイスケースに寝そべった写真を投稿
- 飲食店のアルバイト店員がピザ生地を顔に張り付けている写真を投稿
- 飲食店のアルバイト店員がゴミ箱に廃棄した魚を調理しようとしている動画を投稿
- 車のボンネットに人を乗せたまま走行する動画を投稿
- 自動車を暴走させ、信号無視、速度違反している動画を投稿
- 子供に車を運転させた動画を投稿
- パトカーの屋根に乗り、騒いでいる写真を投稿
- 地下鉄の線路に横たわった写真を投稿

Q&A

Question 34

仲間内で楽しむために撮影した動画を、プライバシー設定を行い、公開範囲を限定したうえでFacebookに投稿しました。投稿や発言の内容は、不特定多数の人には閲覧されないと考えてよいでしょうか。

①はい　　②いいえ

Answer 34

公開範囲を限定したのであれば、基本的には、不特定多数の人の目には触れませんが、その投稿を公開した閲覧者の中に、ほかのグループやほかのSNSに情報を共有した人がいた場合には、不特定多数の人の目に触れることになります。インターネット上に公開した情報は、常に不特定多数の人の目に触れる可能性があると考えて利用するべきです。

②の「いいえ」が正解です。

Question 35

悪ふざけ投稿と関連する用語は、次のうちどれでしょうか。

①ハッキング　　②エゴサーチ　　③フォトラーキング　　④バイトテロ

Answer 35

飲食店やコンビニエンスストアなどの非正規雇用の従業員（アルバイトなど）が、商品や備品を不適切に扱って悪ふざけをしている様子を画像や動画で撮影し、FacebookやTwitterなどのSNSやYouTubeなどの動画共有サイトに投稿することで炎上し、店舗や企業に対する社会的なイメージダウンだけでなく、商品の返品や交換などの損害を及ぼす行為を「アルバイトによるテロ行為」＝「バイトテロ」と呼びます。閉店や長期休業をしなければならない場合もあり、大きな問題となります。

④の「バイトテロ」が正解です。

ネットいじめの特性

　Webサイト、SNS、電子メール、掲示板などに特定の人への誹謗中傷をしたり、個人情報を無許可で公開するなどの行為を**ネットいじめ**と言い、**サイバーリンチ**、**ネットリンチ**とも言います。

　具体的な例として、**LINE外し**、**なりすましメール**、**チェーンメール**などがあります。これらは、大人の世界だけでなく、学生や子供の世界にも広まっていて、いじめを受けた人は精神疾患に陥り、追い込まれて自殺する人もいます。

　SNSや掲示板でのいじめは、拡散性が高く、いじめの対象になった本人が知らない人からも誹謗中傷されることがあります。対面による日常生活の中での直接的ないじめと異なり、ネット上で行われる間接的なネットいじめには、次のような特性があります。

❯発覚しにくい

　SNSやメール、掲示板などで発言する際に匿名やハンドルネームが使われたり、メンバー限定のグループ内でいじめが行われたりすることから、外部に発覚しにくいという傾向があります。そのため、職場、学校、家族などでいじめの実態に気付くのが遅れがちになります。

❯罪悪感が低い

　相手の顔が見えないので、遊び感覚、ゲーム感覚でいじめを行う傾向があります。いじめの加害者は、罪悪感が低く、陰湿ないじめになりがちです。

❯いじめ対象からの回避

　自分がいじめの対象になり、仲間外れにされる、疎外されるという恐れから、行われているいじめに同調してしまい、そのいじめを見て見ないふりをする傾向があります。

❯拡散による部外者からの攻撃

　いじめ行為が一度外部に流出し拡散すると部外者からの攻撃が始まります。それは、被害者に対して行われることもあれば、加害者に対して行われることもあります。被害者への攻撃は、記された情報を信じ、いじめに同調するケースが多く、加害者への攻撃は、いじめ行為を批判するとともに、いじめをしている加害者の顔写真や名前をインターネット上に晒し、故意に拡散させるケースが多くあります。俗に言う、**つるし上げ**です。

ネットいじめには、次のようなものがあります。

＞LINEでのいじめ

LINEはよくグループ内での連絡ツールとして使われますが、これがいじめに発展することがあります。特に、小中高生のいじめに多く、社会問題になっています。

グループ内のいじめ対象の人を無視したり、悪口を言ったりしていじめます。また、グループから外す、別グループを作るといった**LINE外し**は、LINEを使ったいじめとして代表的なものです。

このようないじめは、ほんの些細なことが発端ではじまります。例えば、**既読スルー**した、返事の連絡が遅れた、意見に反対したなどというのが理由です。

＞なりすましメール／チェーンメール

名前やメールアドレスを偽って、友達や周りの人に暴力的な発言や悪口や嫌がらせなど悪質なメールを送るのが**なりすましメール**です。

第三者になりすました上で、誰かを誹謗中傷するメールです。誰かになりすましてメールを送ることで、なりすました人にその罪を押しつけることができます。メールだけでなく、Twitterでも誰かの似顔絵やアイコン、写真などを使ったなりすまし行為が行われる場合もあります。

「このメールを2時間以内に10人に送ってください。送らないとあなたがみんなにいじめられますよ！」といった脅し文が入ったメールを送るのが、**チェーンメール**です。

このメールには、いじめの対象となっている人への誹謗中傷や写真や名前やアドレスなどの個人情報が書かれたりします。このようなメールが送られてきた人は、いじめとわかっていても、反発すると今度は自分に災いが回ってくるのではないかと恐れを感じ、言われるがまま転送してしまうため、一気に拡散していきます。

　インターネット上の掲示板やブログ、プロフサイトなど本人の気付かないところに、誹謗中傷などが書かれたり、名前やメールなどの連絡先、写真などの個人情報が無断で掲載されたりします。

　こうした書き込みによって、いじめの対象になった人には、スパムメールが届くようになったり、周りの人たちに無視されたりするなど、人間関係がぎくしゃくし始めます。

　本人や第三者になりすまして、無断でブログ、プロフサイトなどを作成し、個人情報を掲載するような事例も見られます。

❯ 学校裏サイト

　「表」と呼ばれる公式の学校サイトとは別に、一般には公開されない「裏」の学校サイトを作ります。ほとんどがIDやパスワードで認証をした人のみが閲覧できるしくみです。

　この裏サイトには、掲示板が設置され、自由な書き込みができます。この掲示板にいじめの対象になった人の誹謗中傷などが書き込まれます。

小中高生のネットいじめの実態

　2021年に発表された総務省の調査によると、2020年時点でスマートフォンの所有率は小学生は34％、中学生は80％、高校生が96％です。

　スマートフォンや携帯電話の所持率が高くなるのに伴い、インターネットの利用率も上昇しています。インターネットの利用目的としてSNSの割合が高く、小中高生ではSNSによるネットいじめが増加しています。10代の4割が悪意ある投稿をした経験があるという調査結果もあります。

　ネットいじめは、そのいじめの当事者が現場にいなくても容赦なく行われます。学校に行かなくても、メールやSNSなどで悪口を書かれ、いじめられる傾向があります。

　学校で実際に行われたネットいじめとして、次のようなものがあります。

- LINEに「こ・ろ・す・ぞ　しね」。被害にあった中学1年男子は退学。
- 転入生が自分のブログを紹介したら、同級生がブログで中傷。うつ病を発症。
- 高校の女子生徒の間でLINEによる誹謗中傷がエスカレート。「妊娠した」と嘘を書かれその生徒が退学する事態に発展。
- いじめを苦に不登校になり、学校に行かなくなった後もメールで悪口が続き、メールアドレスを変えてもそのアドレスがどこかで漏れて、またメールでいじめられる状態が続く。ついに、いじめを苦に自殺。

ネットいじめの兆候と対応

　実際に対面による日常生活の中で起こるいじめと違い、ネットいじめは表面化しにくいので、いじめを受けている本人の家族や学校や職場の関係者は気付きにくいのが特徴です。特に、子供の場合、親に心配かけたくないという理由で、相談しないケースが多く見られます。普段から家族と相談しやすい環境作りが大切です。

　次のような変化があった場合は、注意が必要です。

- スマートフォンや携帯の着信音を無音にする
- 電話に出ることやPCをつけることを突然しなくなる
- 深夜までスマートフォンや携帯を使っている
- SNSやメールをより頻繁にチェックしている一方で、誰かが近づくと画面を切り替え、画面を隠そうとする
- 友達や家族と接したがらず、外出することを嫌がる

　ネットいじめにあった人のほとんどが、何もせず泣き寝入りしてしまうことが多いようです。ネットいじめにあった精神的苦痛が影響し精神疾患を引き起こすこともあり、早急な対応が必要とされます。

　ネットいじめの対応としては、まず、家族や学校、職場に相談することです。2013年にはいじめ防止対策推進法が成立し、学校では相談窓口を設置することや被害者側にも適切に情報提供することが義務付けられました。

　家族や学校、職場だけでは解決しにくい場合もあります。そのような場合には、相談先として「警察」「弁護士」の2つが考えられます。

　誹謗中傷や脅しメールは脅迫罪、実名を含む誹謗中傷は、名誉毀損罪、侮辱罪の対象になりますので、警察に通報すべき案件であり、警察への相談は有効な手段になります。

　増加傾向にあるネットいじめに対して、人権を保護する法整備も進められています。インターネット上のトラブルに詳しい弁護士に相談することも有効な手段でしょう。犯人を突き止め、ネットいじめをやめさせるだけでなく、場合によっては損害賠償請求をすることも可能です。

　迅速に適切な解決を図るために、以下のような法務省や警察庁が設けた相談窓口を活用する方法もあります。

```
==========================================================
法務省インターネット人権相談受付窓口 https://www.moj.go.jp/JINKEN/jinken113.html
警察庁：インターネットトラブル　　　https://www.keishicho.metro.tokyo.lg.jp/sodan/nettrouble/
==========================================================
```

Q&A

対面による日常生活の中で起こるいじめよりも、インターネット上で起こるいじめは、記録が残るため、犯人の特定もしやすく、早期に解決ができると考えてよいでしょうか。

①はい　　②いいえ

Answer 36

インターネット上でのいじめは、匿名性が高いこと、LINEや掲示板などで特定の人しか見られない閉鎖的なコミュニケーション環境であることが多く、外部の人間には状況が見えづらいという特徴があります。そのため、状況把握が遅れがちになり、解決に時間がかかる傾向があります。

②の「いいえ」が正解です。

Question 37

学校の裏サイトは、IDやパスワードの認証がないと入れないことが多く、部外者にはどのようなことが書かれているか確認しづらいと考えてよいでしょうか。

①はい　　②いいえ

Answer 37

学校裏サイトを専門的に調査する会社があるので、そこに相談すれば学校裏サイトを監視し、内容を調査してくれます。また、学校サイトチェッカーという無料で確認できるアプリもあります。これらを使えば確認しやすくはなりますが、一般的には外部の人間からは確認しづらい環境にあります。

①の「はい」が正解です。

Question 38

ネットいじめは刑事事件にはならないので、警察に相談してもあまり意味がないと考えてよいでしょうか。

①はい　　②いいえ

Answer 38

ネットいじめは、法律に触れる刑事事件になり得る行為です。いじめ行為を受けたり、いじめ行為に悩んでいる人を見た場合には、警察に相談した方がよいでしょう。誹謗中傷や脅しメールは脅迫罪、実名を含む誹謗中傷は、名誉毀損罪、侮辱罪の対象になり得ます。

②の「いいえ」が正解です。

3-6　情報の守秘義務

守秘義務のある情報の漏洩

　職務上で知り得た情報を外部に漏らさないという義務のことを**守秘義務**と言います。守秘義務が課せられた場合には、相手がたとえ、家族や友人など、身近な関係の相手であっても情報を口外することは、許されることではありません。

　専門的な職種、例えば弁護士や公務員、医師などといった職種の場合には、法律で職務上知り得た事実を他人に漏らしてはならないことが明文化されているので、守秘義務があるのは明らかですし、このようなことは耳にする機会も多いと思います。

　しかし、一般企業に勤める会社員やアルバイトやパート従業員については、「守秘義務はないのではないか？」とも思われがちですが、一般企業には就業規則があり、入社するときに会社に対して就業規則を守るという契約をするのが一般的です。その中に、守秘義務が含まれていれば、当然、それも守らなければいけません。また、最近では職務上、外部に口外してはいけない情報を扱う場合には、その業務に携わる者に守秘義務についての誓約書を提出させている会社もあります。

　社会常識や仕事に対するモラルに欠けた守秘義務違反の事件があとを絶ちません。このような事件は、秘密にすべき情報を理解していない、守秘義務は自分には関係ない、人に自分が知ったことをアピールしたいという軽い考えで、WebサイトやSNSに罪の意識もなく情報を投稿することによって起こります。

　次の行為は、ちょっとした気の緩みから守秘義務違反行為を行っている例です。

- 飲食店で仕事の内容の話をする
- 街中、電車の中で携帯電話で仕事の内容の話をする
- 電車の中でコンピューターで作業をする
- 電車の中で資料を広げて読む
- 個人のブログやSNSで、仕事の内容の話をアップする
- 家族や気心の知れた知人に仕事の内容の話をする

　守秘義務が守られず、機密情報や個人情報が漏洩した場合には、たとえ個人が行ったことであったとしても、会社も責任を問われます。損害賠償責任を負う可能性もありますし、損害賠償責任を負わないにしても、社会的責任を追及されて、謝罪などの対応をとらざるを得ない事態となり、多大な損害を受けることもあります。

　軽はずみな行動から大きな損害を招かないように気を付けなければなりません。

守秘義務違反による情報の漏洩の要因

　守秘義務のある情報が外部に漏れる大きな要因として、次の3つがあります。

▶インターネット上への公開による漏洩

　日常生活の中で特別な出来事が起きるとそれを自慢したい、みんなに知らせたいという衝動に駆られるのはわからないことでもありません。大事なことは、そのときに守秘義務をはたすというモラルが働くかどうかです。後先考えず、軽い気持ちでインターネット上に情報を公開してしまったとしても守秘義務に反する行為となります。特にインターネット上は情報の広がるスピードがはやいので注意が必要です。

▶家族や知人による漏洩

　特別な出来事は、家族や知人に話したくなるものです。家族や知人だけなら問題ないだろうと、うっかり情報を漏らしてしまうことがあります。たとえ、その相手が家族や知人であったとしても守秘義務に反する行為です。気心の知れた相手こそ注意が必要です。

> **第三者による漏洩**

　レストラン、カフェ、居酒屋などの飲食店で、仲間でうっかり話した守秘義務のある情報をお店の店員やほかのお客が聞きつけ、口外されてしまうことがあります。特に、アルコールが入ると気が大きくなり、大きな声で自慢げに守秘義務のある情報を話している人を見かけます。飲食店に限らず電車やタクシーなどの車内でも同様のことが言え、常に周囲には人がいると考えなければいけません。会社を一歩出たら、不用意に職務上の守秘義務のある情報を話さないようにしましょう。

情報漏洩の防止対策

　会社には、顧客情報、取引先情報、開発技術や販売のノウハウ、従業員の個人情報など外部に漏れてはいけない多くの機密情報があります。機密情報が漏洩しないように、次のような対策が必要です。

> **インターネットやSNSに関するルール作り**

　スマートフォンの普及により、ブログ、Twitter、LINE、Facebookなどを通して個人のプライベート情報から会社情報までさまざまな情報を発信する人が増えてきており、プライベート情報と会社情報の区切りが非常に曖昧になってきています。

　インターネットやSNSを介した情報漏洩を防ぐため、プライベートで利用するSNSに関する管理ルール作りが必要です。例えば、会社名が識別できるような書き込みの禁止、商品情報、社内情報、取引先情報、顧客情報などの書き込み禁止といった書き込む内容に関するルールや、書き込んでしまった場合やトラブルになった場合の対応についてのルールです。「やってもいいこと」と「やってはいけないこと」を明確にすることが大切です。

　企業や教育機関によっては、**ソーシャルメディアポリシー**を作成して、そのガイドラインを示しているところもあります。

❯守秘義務の注意喚起のための教育

　守秘義務に関する意識を持ってもらうために守秘義務に関する従業員への研修などの教育が必要です。守秘義務の意味、機密情報の種類、情報漏洩したときの会社や自分自身の損害や負うべき責任、顧客や取引先などへの影響などについての研修です。

　特にモラルや責任意識に欠けることが多い学生アルバイトの研修はしっかり行っておく必要があります。

　法令遵守の必要性を繰り返し教育することは、守秘義務の重要性を意識喚起する対策として有効なものです。またあわせて、形骸化を防ぐため、研修の内容についての見直しも常に行う必要があります。

❯守秘義務契約を結ぶ

　従業員への研修などの教育を行うこととあわせて、さらに意識を高める方法として守秘義務契約を結ぶという対策も必要です。

　守秘義務契約とは、業務秘密や顧客情報など職務上知り得た秘密を第三者に開示しないことに関する契約を言います。**機密保持契約**とも言います。

　もともとは、企業間で結ばれることが多いものでしたが、企業内においても情報の漏洩を防止することを目的として、従業員との間で、就業規則とは別に個別の契約書や誓約書で、契約が締結されることが多くなりました。

　その内容としては、機密情報の定義、守秘義務の内容、損害賠償、契約終了時の措置などが定められます。

　会社と従業員の間でも契約をしておくことで、守秘義務の重要性が認識され、注意喚起と漏洩防止に繋がります。

守秘義務違反の事例

　SNSへの情報公開が守秘義務違反として話題となった具体的な事例を紹介します。

❯事例1　宿泊客情報の漏洩

　あるホテルのスタッフが、著名人が同ホテルに宿泊したことを知り、Twitterの個人アカウントでその宿泊客の実名とともに「これから泊まった部屋を覗いてくる」「使用済みのベッドに寝てみた」といった内容のツイートや、宿泊して使用した部屋の写真を公開しました。

　この情報はまたたく間に拡散されるとともに、情報の発信者のモラルの低さを非難するツイートで炎上。情報の発信者は解雇され、ホテルが公式に謝罪を行いました。

　ある自動車メーカーと取引のある部品メーカーに勤務していた男性が、自動車メーカーが発表する前に、工場で撮影した全面改良した車の写真とともに「新型○○を発見しました」とツイッターに投稿しました。

　男性は、投稿がインターネット上で騒ぎになったため、自ら削除しましたが、自動車メーカーは告訴し、不正競争防止法違反（営業秘密侵害）と偽計業務妨害の疑いで、書類送検されました。

　事例1で紹介した例もそうですが、芸能人や著名人の情報がSNS上で流される事例がよくニュースになります。その多くは、職務上得られた守秘義務のある情報で、当然ながら守秘義務違反にあたる行為です。

　ここでは、実際に起きた有名人に関する守秘義務違反の事例をいくつか紹介します。

- 空港内のお店の店員が、買い物をした芸能人のクレジットカード伝票の写真などをSNSに投稿。本人と所属事務所に謝罪。
- 有名人の来店とその人の住所をある金融機関の従業員の娘がSNSに投稿。金融機関への苦情が殺到し、マスコミでも事件として取り上げられ、金融機関としての信用を失う。取引にも大きな影響が出て多額な損失を出す。
- 不動産会社の従業員が芸能人夫妻の新居探しを担当したのちに、その芸能人の名前を出し「○○万円賃貸」と具体的な取引内容を投稿。不動産会社は謝罪。
- 病院で研修中の学生が、スポーツ選手の住所や電話番号、さらにはカルテを見たことをSNSに投稿。その学生のSNSは炎上。病院はその所属チームに謝罪。学生は内定取り消し処分を受ける。

　守秘義務違反を犯した場合、会社に対しての義務違反となり、違反行為によって損害が発生した場合には、損害賠償責任を負うことになる可能性があります。

　また、芸能人や著名人に限らず個人情報を漏らした場合には、会社に対する守秘義務違反というだけでなく、個人情報を漏らされた人にとってはプライバシーの侵害という、2つの方向に対して違反行為（権利侵害と義務違反）になります。ともに損害賠償責任を負うことになる可能性があり、その責任は非常に重いものです。

Q&A

Question 39

　自分の勤めているホテルに、母親の大好きな芸能人が恋人と思われる同伴者と訪れ、宿泊したことを自宅で母親に話しました。これは守秘義務違反にはならないと考えてよいでしょうか。

①はい　　②いいえ

Answer 39

　口外した相手が身内であっても、社外で口外した段階で守秘義務違反になります。たとえ母親がほかの誰にも話さないでいたとしても守秘義務違反であることに変わりはありません。守秘義務のある情報をうっかり家族や気心の知れた人に漏らしたことから世間に広まるケースも少なくありません。
　②の「いいえ」が正解です。

Question 40

　学生アルバイトは正社員ではないので職務上知り得た情報の守秘義務責任は、雇用した会社にあり、学生アルバイト本人には、守秘義務はないと考えてよいでしょうか。

①はい　　②いいえ

Answer 40

　学生アルバイトであっても、従業員として従わなければならない就業規則に守秘義務が含まれていれば、守秘義務責任はあります。守秘義務契約を結んでいるのであればなおさらです。守秘義務違反を行った場合、学生アルバイト本人が責任を問われ、会社の処罰の対象になり、損害賠償請求をされることもあります。
　②の「いいえ」が正解です。

Question 41

　守秘義務のある社内情報と言えないものは、次のうちどれでしょうか。

①上司の悪口　　②契約取引会社名　　③有名人の来店情報　　④新商品の内容

Answer 41

　①の「上司の悪口」は、守秘義務のある情報には含まれませんが、プライバシー侵害や名誉毀損として訴えられる可能性があります。①以外の情報は、守秘義務のある情報として扱われますので、部外者に口外してはいけません。③の「著名人の来店情報」は、守秘義務違反に加えて、プライバシー侵害や名誉毀損としても訴えられる可能性があります。
　①の「上司の悪口」が正解です。

Chapter

#04
コミュニケーションと
メディアを
理解する

コミュニケーションはキャッチボール

コミュニケーションは、ラテン語の「共有の」「共通の」を意味するcommunisが語源と言われています。情報を伝える、受け取るだけではなく、情報を共有することも含まれており、一方的に情報を配信するのではなく、情報をやり取りする双方向の情報交流を意味します。

自分の意見のみを一方的に伝えるだけでは、コミュニケーション能力が低いと評価されがちです。相手を理解し、相手に理解してもらえるようにお互いに情報交流することが大切です。

コミュニケーションは、よくキャッチボールに例えられますが、ボールを投げるということが「伝える」ことであり、受け取るということは「聴く」ことです。片方が一方的にボールを投げ、他方がそれを受け取るだけではキャッチボールは成立しません。受け取ったボールを投げ返して、はじめてキャッチボールは成立します。

一方的なコミュニケーションは、ミスコミュニケーションを起こしやすくなります。双方向のコミュニケーションは、伝えたから、伝わったはずではなく、相手の応答確認が必要です。受け取る側も、情報を受け取ったら、「返事をする」ことが求められます。

対面コミュニケーションと非対面コミュニケーション

対面コミュニケーションとは、人と人が実際に顔を合わせ、直接コミュニケーションすることを言います。**リアルコミュニケーション**、face to faceとも呼ばれます。

それに対して、人と人との間にコンピューターを介して間接的にコミュニケーションをすることを**非対面コミュニケーション**と言います。**バーチャルコミュニケーション**、CMC (Computer-Mediated Communication)とも呼ばれます。

具体的には、電子メール、Webサイト、SNS、電子掲示板、ビデオ通話、Web会議などがあります。最近では、コンピューターだけでなく、スマートフォンや携帯電話でも非対面コミュニケーションが行えるようになりました。

対面コミュニケーションでは、立体的空間で言葉以外の情報も感じ取ることができますが、非対面コミュニケーションは、平面的で言葉以外の情報が欠落しやすく、対面コミュニケーションほど豊富な情報は得られません。しかし、わざわざ時間と場所を合わせて会う必要がないという利便性と効率性から、対面コミュニケーションに代わり、非対面コミュニケーションの利用が増えてきました。

コミュニケーション形態

コミュニケーションの形態には、**1対1のコミュニケーション**と**1対多数のコミュニケーション**、**多数対多数のコミュニケーション**があります。それぞれのコミュニケーション形態では、インターネット普及前と普及後とでは、次のようにコミュニケーションに使われるメディアが変わりました。

❯1対1のコミュニケーション

インターネット普及前は、固定電話、電報、手紙と限られていましたが、インターネット普及後は電子メールを中心に多様なコミュニケーション形態が取れるようになりました。電話も従来の固定電話からスマートフォンや携帯電話に代わり、インターネットを利用したWeb電話やビデオ通話が広く使われるようになりました。

1 対 1 のコミュニケーション

❯1対多数のコミュニケーション

インターネット普及前は、テレビ、新聞、雑誌、ラジオなど、放送や出版によるマスメディアが中心でしたが、インターネット普及後は、WebサイトやSNSが登場し、マスメディアの一角を担うようになりました。

1 対 多数 のコミュニケーション

❯多数対多数のコミュニケーション

インターネット普及前は、多数対多数のコミュニケーション形態で使われるメディアはほとんどありませんでした。インターネットの普及によって、多数対多数のコミュ

ニケーションが可能なメディアが登場し、広く使われるようになりました。1対多数の
コミュニケーションメディアであるWebサイト、SNSも電子掲示板やグループコミュニ
ティの設置によって多数対多数のコミュニケーションにも使われ、またメーリングリス
トやネットニュースも多数対多数のコミュニケーションメディアとして使われています。

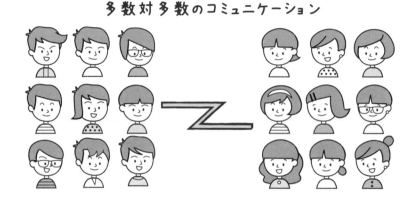

バーバル・コミュニケーションとノンバーバル・コミュニケーション

コミュニケーションは、言語情報による**バーバル・コミュニケーション**と非言語情報
による**ノンバーバル・コミュニケーション**に大別されます。

バーバル・コミュニケーションとは、話す、書く、読むといった言語を使用するコミュ
ニケーションの方法を言い、ノンバーバル・コミュニケーションとは、表情、顔色、目の動
き、声の大きさ、身振り手振り、視線といった言葉以外の意思伝達方法を使ったコミュニ
ケーションの方法を言います。

バーバル・コミュニケーションは「理論」を伝え、ノンバーバル・コミュニケーション
は「感情」を伝えます。

日常生活のコミュニケーションでは、相手が話す内容ばかりを意識しがちですが、バー
バル・コミュニケーションだけでは、伝えたいことの本質が表現されにくく、本音や感情
はノンバーバル・コミュニケーションで表現されがちです。

例えば、ウソをついている人がいるとしましょう。「私はウソを言っていない！」と強く
主張していたとしても、目が泳ぎ、そわそわした態度でウソがばれてしまいます。言葉で
ウソをつくことはできますが、表情や体の動きの変化までウソをつき通すことはかなり
難しいことです。

コミュニケーションをする相手に与えるインパクトについて研究したUCLA大学の心
理学者のアルバート・メラビアンは、バーバル・コミュニケーションで伝えられる情報は
7％に過ぎず、ノンバーバル・コミュニケーションで伝えられる情報は93％を占めると
言っています。93％のうち、身振り手振り、顔の表情、視線や口角などの視覚情報が55％、

声の高低、大小、調子、イントネーション、アクセント、速さ、沈黙など聴覚情報が38％です。つまり、日常のコミュニケーションではノンバーバル・コミュニケーションから得られる情報のほうが圧倒的に多く、私たちは言語情報よりも非言語情報を優先して情報を受け取っているということです。

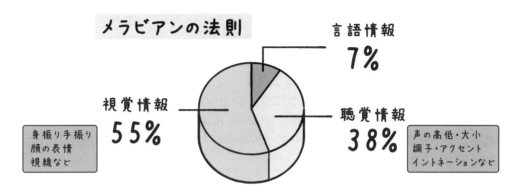

コミュニケーション能力

コミュニケーション能力とは、対人的なやり取りにおいて、お互いの意思疎通を図り、理解し合う能力のことを言います。

日常生活や社会生活において、円滑な人間関係を築くうえでコミュニケーション能力は非常に大切です。企業の入社試験では、学力の高い人よりもコミュニケーション能力の高い人を重視する傾向があり、学力テストの結果よりも面接の結果が重視されるようになってきています。

コミュニケーション能力は、次の３つの能力に分類されます。

- 伝える能力
- 受け取る能力
- 読み取る能力

伝える能力とは、伝えたいことを相手に正確に伝える「文章表現能力」です。**受け取る能力**とは、相手が伝えたいことを正確に受け取る「読解能力」です。**読み取る能力**とは、言語情報だけでなく、その言葉から状況を察したり、場の雰囲気を読み取ったりする、非言語情報を「感じ取る能力」です。

この３つの能力を養うことが円滑な対人コミュニケーションに繋がります。特に、インターネット上でのコミュニケーションでは、非言語情報が欠落することが多いので、限られた言語情報で正確に伝え、相手の言語から正確に情報を受け取り、感じ取る能力がより重要です。

Q&A

Question 42

対面コミュニケーションは、次のうちどれでしょうか。

①LINE　　②ビデオ通話　　③オフィス会議　　④電子メール

Answer 42

　対面コミュニケーションは、人と人が実際に顔を合わせてするコミュニケーションの形態です。①の「LINE」、②の「ビデオ通話」、④の「電子メール」は、インターネットを介して行われる非対面コミュニケーションです。「ビデオ通話」は、モニターを通して顔を見ながらのコミュニケーションになるので、対面コミュニケーション的な要素もあり、ほかの対面しないツールよりは、表情が見える分、一番情報量が多いと言えますが、インターネットを介して行われる点で非対面コミュニケーションとなります。

　③の「オフィス会議」が正解です。

Question 43

バーバル・コミュニケーションは、次のうちどれでしょうか。

①身振り　　②言語　　③顔色　　④イントネーション

Answer 43

　バーバル・コミュニケーションは、言語のみを使用するコミュニケーションの形態です。①の「身振り」、③の「顔色」、④の「イントネーション」は、言語以外の意思伝達方法で、ノンバーバル・コミュニケーションになります。

　言語情報だけのバーバル・コミュニケーションでは十分な意思の疎通を図ることは困難です。非言語情報のノンバーバル・コミュニケーションで、その場の空気を読んだり、気まずい状況を察したりするなどの状況判断を加えることで、より正確な意思の疎通を図ることがしやすくなります。

　②の「言語」が正解です。

Question 44

メラビアンの法則において、話し手が聞き手に与える影響のうち、言語情報は何%を占めるでしょうか。

①7%　　②38%　　③55%　　④93%

Answer 44

　メラビアンの法則によると言語情報は「7%」、聴覚情報が「38%」、視覚情報が「55%」で、非言語情報は「93%」であると言われています。

　①の「7%」が正解です。

3つのメディア

情報の発信から受信までに関わる媒体のことを**メディア**と言い、発信者と受信者のコミュニケーションを円滑にする手段です。

コミュニケーションの目的や用途によって、メディアにはいろいろな種類があります。テレビ、新聞、Webサイト、SNS、これらはすべてメディアです。文字、画像、映像、音、これらもメディアです。紙、レコーダー、DVD、USBメモリ、これらもメディアです。

メディアを目的や用途に応じて、次の3つに分類し、整理してみます。

▶ コミュニケーション・メディア

情報を伝えるためのメディアを**コミュニケーション・メディア**と言います。テレビ、新聞、雑誌、ラジオ、電話や、インターネットを活用したWebサイト、電子メール、電子掲示板、ブログ、SNSなどがあります。

▶ イメージ・メディア

情報を表現するためのメディアを**イメージ・メディア**と言います。文字、イラスト、写真、図形、音声、音楽、アニメーション、映像などがあります。

▶ メモリ・メディア

情報を記録するためのメディアを**メモリ・メディア**と言います。紙、ハードディスク、SSD、DVD、USBメモリ、オンラインストレージなどがあります。

コミュニケーション・メディア

「コミュニケーション・メディア」「イメージ・メディア」「メモリ・メディア」のうち、「コミュニケーション・メディア」について詳細に解説します。

インターネットが登場する前は、アナログメディアが中心でした。代表的なものに、テレビ、新聞、雑誌、ポスター、ラジオ、電話が挙げられますが、インターネットが普及すると多種多様なデジタルメディアが登場します。代表的なものには、Webサイト、電子メール、電子掲示板、ブログ、Twitter、Facebook、LINE、Instagram、YouTubeがあります。特に、Twitter、Facebook、LINE、InstagramなどのSNSは、コミュニケーション・メディアの中核をなすようになりました。

ここでは、コミュニケーション・メディアの特性を方向性、即時性、マス性の3つの観点から解説します。

＞方向性

　コミュニケーション・メディアの**方向性**には、「**一方向**」と「**双方向**」の2つがあります。

　一方向のメディアでは、発信側から情報が送られ、受信側は受け取るだけです。受信者は、発信者に同じメディアで情報を送ることはできません。発信者に情報を送る場合は、別のメディアを使って行わなければなりません。例えば、アナログメディアであるテレビ、新聞、雑誌では、放送、掲載された情報に対する意見は、電話やはがき、FAXなどを使って行わなければなりませんでした。

　しかし、これらの一方向のメディアもデジタル化し、手紙は電子メールに、電話はSkypeやLINEに、テレビはスマートテレビに、新聞は電子新聞に、本は電子書籍に、ポスターは電子看板（デジタルサイネージ）になりました。

　電子新聞、電子書籍、電子看板（デジタルサイネージ）は、インターネットに接続されている状態であれば、同じメディア内で情報のやり取りができる双方向のメディアになります。

　双方向のメディアでは、同じメディアを使ってお互いに発信と受信ができます。デジタルメディアかつネットワークメディアの時代になると、ほとんどのメディアが双方向になりました。

　双方向のメディアの普及により受信者が情報の発信者側に参加できるだけでなく、発信者同士が情報交流し、情報提供することもできるようになりました。

＞即時性

　コミュニケーション・メディアの**即時性**とは、どのぐらい早く情報のやり取りができるかということです。**リアルタイム性**とも言います。

配達時間、発売日が決まっている新聞、雑誌は即時性が高いとは言えません。新聞の場合には、より即時性を要するときは、号外が出されることがありますが、それでもリアルタイムではなく、タイムラグがあります。

　即時性が高いメディアとして挙げられるのは、電話、ラジオ、テレビ、Twitter、LINEです。テレビやラジオは、収録番組の場合には即時性に欠けますが、即時性が必要な情報を伝えるライブ放送（ニュース番組、選挙速報、地震速報など）の場合には、タイムラグがなくリアルタイムで情報を伝えることができます。即時性が高いメディアは、逐次変化していく状況を知る場合に便利です。そのほかFacebookやInstagramなどのSNSも即時性が高いと言えます。

　しかし、リアルタイムで更新された情報が提供されても、受信側の受け取り確認が遅れれば即時性は落ちてしまいます。双方向のメディアの電話やLINEをはじめとするSNSにしても、相手と繋がらなければ即時性は失われます。

▶マス性

　「マス」には「多く」という意味があります。よく使われる**マスコミ**という言葉は**マスコミュニケーション**の略で、不特定多数の人に対して、情報が伝達されることを言い、**大衆伝達**と言われることもあります。

　テレビ、ラジオ、新聞、雑誌などのように多数の人に対して情報を伝達する媒体のことを、**マスメディア**、**大衆媒体**と言い、テレビ、ラジオ、新聞、雑誌の4つのメディアは、**4大マスメディア**と呼ばれています。

　マス性の最も高いメディアは、テレビです。続いて、新聞、雑誌、ラジオがあります。Webサイト、ブログ、SNS、YouTubeなどのメディアも「バズる」、「炎上する」ことによって情報が拡散すれば、マス性は高くなります。

　メディア広告も、広告費が4大マスメディアよりも格段に安いことから、WebサイトやSNS、YouTubeなどのインターネット広告が台頭し、広告にかけられた費用をメディア別でみると、インターネット広告は、テレビを抜いて1番目となりました。

各コミュニケーション・メディアについて、「方向性」「即時性」「マス性」という特性という点でまとめました。

	アナログ	デジタル	方向性	即時性	マス性	備考
電話	△	○	双方向	◎	×	
ラジオ	○	△	一方向		◎	デジタル化し、インターネットと繋がると双方向になる
テレビ						
新聞				△	○	
雑誌						
ポスター						
LINE	×	○	双方向	◎	△	バズったり、炎上するとマス性は高まる
Twitter				○		
Facebook						
Instagram						
YouTube				△		
ブログ						
Webサイト						
電子看板						
電子掲示板						
電子メール					×	

コミュニケーション・メディアの使い分け

　各コミュニケーション・メディアの特性や違いについて解説しましたが、急速に拡大したSNSなどのインターネットを利用したメディアの影響は、生活やコミュニケーションの形に大きな変化をもたらしています。

　多種多様なコミュニケーション・メディアが存在し、これからも新たなメディアが登場する可能性がある中、「方向性」「即時性」「マス性」を考えて、目的や用途に応じて使い分けるスキルや、柔軟に多くのコミュニケーション・メディアを使いこなすスキルが求められています。

　コミュニケーション・メディアを使い分けることによって、コミュニケーションの幅も広がります。何でも、電話だけで済ませようとする、電子メールだけで済ませようとする、LINEだけで済ませようとするとミスコミュニケーションを起こし、今後はますます円滑なコミュニケーションができなくなる可能性があります。

Q&A

情報を伝えるためのメディアは、次のうちどれでしょうか。

①マスメディア　　②イメージ・メディア　　③コミュニケーション・メディア
④メモリ・メディア

　テレビ、新聞、雑誌、ラジオ、電話やWebサイト、電子メール、電子掲示板、ブログ、SNSなどのように情報を伝えるためのメディアをコミュニケーション・メディアと言います。①の「マスメディア」は、コミュニケーション・メディアの中でもテレビ、新聞、雑誌、ラジオのように多数の人に対して情報を伝達する媒体のこと、②の「イメージ・メディア」は、情報を表現するためのメディア、④の「メモリ・メディア」は、情報を記録するためのメディアです。

　③の「コミュニケーション・メディア」が正解です。

次のうち双方向のメディアはどれですか。

①テレビ　　②新聞　　③看板　　④バナー広告

　「バナー広告」とは、インターネット広告のひとつです。リンク付きの画像やアニメーションを表示し、クリックすることで広告主のWebサイトへ誘導されるようになっています。①②③は、すべて一方向のアナログメディアです。しかし、これらがデジタル化されインターネット接続できるようになると、①は「スマートテレビ」、②は「電子新聞」、③は「電子看板（デジタルサイネージ）」となり、双方向のメディアとしても使われることになります。

　④の「バナー広告」が正解です。

グループ間で連絡内容を共有できないコミュニケーション・メディアは、次のうちどれでしょうか。

①電話　　②電子メール　　③LINE　　④Facebook

　通常の電話では、リストやグループ化ができないので複数人と情報共有することはできません。しかし、電話機能を持ったLINEやSkypeなどを使えば、グループ登録することで、そのグループ内で情報を共有することができます。②はメーリングリスト、③④はグループを作ることで一斉配信でき、情報を共有することができます。

　①の「電話」が正解です。

4-3　Webコミュニケーション

Webコミュニケーション

　Webコミュニケーションとは、Web上で、発信者側と受信者側がお互いに情報交流し、情報を共有化することを言います。

　個人間のコミュニケーションだけでなく、企業や店舗には、ユーザーである顧客の意見を積極的に取り入れ、反映させていくことでブランドイメージを高め、シェア拡大を図る手段として利用されています。

　ここでは、Webサイト、電子メール、電子掲示板、チャット、ブログ、動画サイト、ビデオ通話、Web会議について解説します。なお、Twitter、Facebook、LINE、Instagram、YouTubeは、広域にはWebコミュニケーションに含まれますが、次項のSNSコミュニケーションで解説します。

Webサイト

❯ Webサイトのしくみ

　インターネットを介して公開されている情報のページを**Webページ**、そのWebページの集まりを**Webサイト**と言います。また、Webサイトのトップページのことを**ホームページ**と言いますが、ホームページという用語はWebページと同じ意味で使われることが多くなっています。

　Webサイトでは、情報を一方的にユーザーに発信するだけでなく、ユーザーとインタラクティブ（双方向）に情報交流ができます。企業や店舗の宣伝、情報開示、商品の展示、販売だけでなく、ユーザーの意見や感想などを取り込むことによって、商品やサービスの向上、顧客の確保を図り、Webサイトは企業や店舗の看板としての重要な役割を果たすようになってきています。

　Webサイトはサーバーに情報をアップロードし、公開することで、インターネットを介して閲覧することができるようになります。Webサイトの情報には、文字だけでなく、写真やイラストなどの画像や声や音楽などの音声、またビデオなどの動画映像も載せることができます。さらに、ほかのWebサイトのURLを載せておくと、そのWebサイトに誘導することができます。このしくみを**ハイパーリンク**と言います。

　Webサイトを閲覧するには、ブラウザーでURLを指定します。URLを指定すると、ブラウザーがインターネット上のから目的のWebサイトを探し出し、表示します。

　代表的なブラウザーとして、Microsoft Edge、Google Chrome、Safariなどがあります。

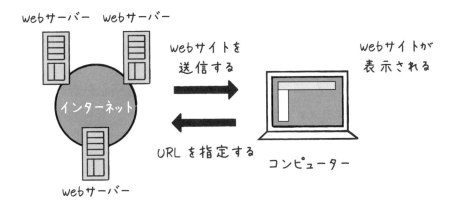

> **Webサイトの制作**

Webサイトを作る方法には、次の3通りがあります。

①HTMLとCSSで記述する方法

HTMLで文書の構造を定義し、CSS（Cascading Style Sheets）でデザインを定義します。多くのWebサイトは、HTMLとCSSを使って設計されています。

②インターネット上のサービスを使う方法

あらかじめ用意されたテンプレートを使って簡単にWebサイトを作ることができるCMS（Content Management System）と呼ばれるサービスを利用します。ブラウザー上で書き込みや更新ができるので、初心者でも操作や管理ができます。代表的なCMSサービスには、Jimdo、Wix、WordPressがあります。無料サービスのものから有料サービスのものまであります。

③ホームページ作成ソフトを使う方法

HTMLの知識がなくても、ワープロ感覚で文字や数値を入力するだけでWebサイトを作ることができます。ホームページ作成ソフトには、Dreamweaver、ホームページビルダー、BiNDup、シリウスなど有料のソフトから無料のソフトまで多数あります。

> **Webサイトの公開**

Webサイトを公開するには、インターネット上にホームページを公開する機能を持つサーバーが必要です。このサーバーにファイルやデータを保存します。

サーバーはプロバイダーが提供しているサービスを利用するか、レンタルします。サーバーのレンタル料は、無料のものから月額数千円のものまで各種あります。

サーバーが用意できたら、Webサイトのファイルやデータをすべてサーバーにアップロードします。アップロードするために使われるソフトウェアがFTPソフトです。Windows系コンピューターではFFFTP、Mac系コンピューターではCyberduckがよく利用されています。これらのソフトはダウンロードして無料で使うことができます。

電子メール

＞電子メールのしくみ

コンピューターや携帯電話、スマートフォンなど情報通信機能を備えた機器間で、インターネットを中心としたネットワークを介して、情報交流するシステムです。文章だけでなく画像や動画も添付ファイルとして扱うことができます。

電子メールを使うためには、電子メールの送受信を扱うためのソフトウェアが必要です。このソフトウェアを**メールソフト（メーラー）**と言います。メールソフトを使うことで、受信したメールの閲覧、保存、管理、返信、転送、一斉送信、迷惑メールフィルターなどが利用できるようになります。

代表的なメールソフトには、Outlook、Thunderbird、Apple Mailがあります。

送信者は電子メールをメールサーバーの中のメールボックスに送ります。受信者はメールボックスにアクセスして、届いたメールを取り出します。メールの送受信には、送信者側で**SMTP（Simple Mail Transfer Protocol）**、受信者側で**POP3（Post Office Protocol version 3）**といったプロトコルが一般的に使われています。

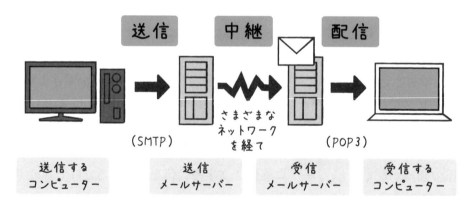

＞TO、CC、BCCの使い分け

TO（宛先）はメールのメインの送り先に使用します。カンマ (,) をつけて複数の宛先を指定することもできます。複数の宛先を指定する場合は、すべてTOで指定するのではなく、状況に応じて**CC（Carbon Copy）**と**BCC（Blind Carbon Copy）**を使い分けると利便性が向上します。

CCやBCCは、TOで送信した情報を共有するもので、「一応見ておいてください」という意味を持ちます。CCやBCCで送られた相手は、通常、返信する必要はありません。

TOとCCに記載した相手のメールアドレスは、受信者に表示されますので、受信者は自分以外に誰に送られているのか把握することができます。多数のメールアドレスをCCで列挙しているメールを目にすることがありますが、個人情報を保護するという点から

考えるとあまり好ましくありません。グループリストやメーリングリスト、もしくは次に説明するBCCで送信することをおすすめします。

　BCCは、送信先のメールアドレスを表示しないで、同じメールを複数に送りたい場合に使います。BCCに記載したメールアドレスは他の受信者には表示されないので、誰にBCCで送ったのかはTOやCCに記載された受信者にはわかりません。一斉送信する場合は、CCではなくBCCで送るのが一般的です。

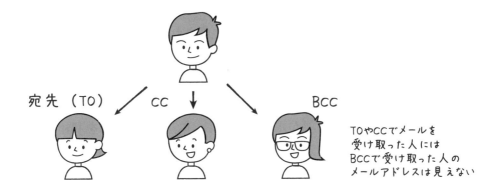

> メーリングリスト

　複数の相手に同じメールを送る場合には、送るたびに全員分のメールアドレスを指定する必要があり、手間がかかります。頻繁に複数の同じ相手にメールを送る場合は、**メーリングリスト（ML）** を活用すると効率的です。

　送信相手のメールアドレスをリスト登録しておくと、登録したメールアドレスに一斉にメールを送ることができます。部活やサークル、仕事のチーム、同窓会など複数の相手に共通の連絡をする場合に活用すると便利です。

　メールソフトにもメーリングリスト機能を備えているものも多くあります。また、Googleグループ、ALLSERVERなどの無料のメーリングリストサービスもあります。

> Webメール

　ブラウザーでメールの送受信ができるシステムやサービスを**Webメール**と言います。このサービスを利用すれば、Webアプリケーション上でメールの送受信を行うので、メールソフトは必要ありませんし、POP3やSMTPなどの設定も必要ありません。

　通信環境とブラウザーがあれば、どの端末からでもログインID、パスワードを指定することで利用できます。メールデータもコンピューターやスマートフォン自体に保存する必要がないため、環境を変えてもデータの移行は必要ありません。しかし、ネットワークの障害などでサーバーが停止した場合や通信環境のない場合には受信済みのメールの閲覧ができなくなります。

　GmailやYahoo!メール、iCloudメールなどは、代表的なWebメールです。

電子掲示板

❯ 電子掲示板のしくみ

インターネットを中心にネットワークを介してメッセージを書いたり、掲載されたメッセージを閲覧できる機能が、**電子掲示板**です。BBS (Bulletin Board System) とも言い、共通の話題で投稿された一連の記事のことを**スレッド**と言います。

書き込まれたメッセージは、サーバー経由でデータベースに蓄積され、新たな閲覧者がメッセージを参照すると、最新のメッセージが更新された状態で表示されます。

趣味嗜好など特定のテーマを掲げて、同じテーマについていろいろな人たちと語り合える場や友達や社内のグループでの連絡の場として活用されています。

通常、電子掲示板では、本名ではない**ハンドルネーム**を使って、自由に書き込みができることから、書き込む際のマナーが求められます。本名でないことを利用して他人の個人情報の書き込み、人の書き込みに対する挑発、冷やかしなどの荒らし行為、書き込みに対する非難による炎上などが生じることがあります。

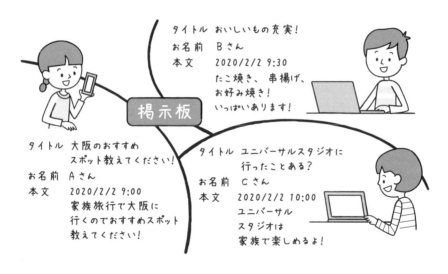

❯ 電子掲示板の作り方

電子掲示板を作るには、クライアント(コンピューターやスマートフォン)からの要求に応じて、サーバー上の**CGI (Common Gateway Interface)** プログラムを実行させ、その結果をクライアントに送信するしくみを使いますが、CGIが動作するサーバーに自分で掲示板CGIを設置する方法とレンタル掲示板を利用する方法があります。

CGIを使えるサーバーを所有している場合は、自分で設置することもできますが、初心者でも簡単に作れるという点ではレンタル掲示板をおすすめします。

無料で作ることができる代表的なレンタル掲示板には、FC2掲示板、まめわざ、したらば掲示板、teacupなどがあります。

チャット

チャットとは、インターネットに接続しているもの同士が、リアルタイムにメッセージをやり取りするサービスです。誰かがメッセージを送るとそのチャットに参加しているメンバー全員に送信され、同時に発言者名、発言内容、発言時刻などが画面に表示されます。電子掲示板との違いは、誰かがメッセージを送ると他の参加者の画面に即座に反映され、リアルタイムにやり取りが行われる点です。

チャットは、相手とリアルタイムに会話ができるのでコミュニケーションが迅速に行えます。また発言内容がすべて記録に残るので、言った、言わないというコミュニケーションミスもなくなります。また、既読、未読の確認ができるものも多く、チャットのメンバーの誰が内容を確認できているか知ることができます。

チャットを行うには、Webサイトのチャットルームの利用、LINEやSkype、メッセンジャーなどのアプリの利用があります。最近では、SNSにチャット機能が付いていることが多くなりました。

一般的には、**テキストチャット**のことを単にチャットと言いますが、最近は、**音声チャット**や**ビデオチャット（ビデオ通話）**も行われています。

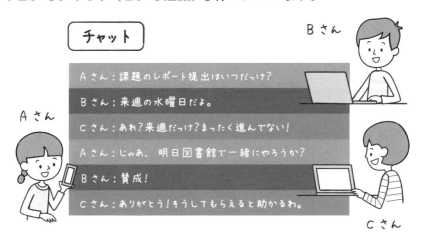

ブログ

ブログとは、**ウェブログ（Weblog）**の略で、自分の意見や感想を日記風に投稿して、時系列に公開できるWebサイトのことを言います。

ブログの多くは、書き込まれた情報に対して、コメントを書き込むことができます。また、他人のブログの記事に自分のブログからリンクをした際に、リンクしたことを通知する**トラックバック機能**が付いています。

ブログサービスも数多くあり、無料のものとして、Amebaブログ、はてなブログ、ライブドアブログ、FC2ブログ、SeesaaBLOG、LINEBLOG、Bloggerなどがあります。

ブログは、ブログサービスを利用すれば、HTMLやCSS、ホームページ作成ソフトなどの知識がなくても、基本的には文書を入力するだけで作ることができます。デザインやレイアウトの変更もテンプレートを修正するだけで簡単にでき、ブラウザーがあればいつでも、どこからでも更新ができるので、情報を迅速に公開（アップロード）することができるのが特徴です。

　当初、ブログは個人の身のまわりの出来事や趣味などを掲載する日記ブログとして利用されていましたが、芸能人、著名人、政治家の情報を公開したり、企業や店舗では、新しい商品やサービスの情報を公開したりするビジネスブログとしても利用されるようになりました。

　ビジネスブログでは、主に次のような活用が行われています。

- 広報活動（PR、IR）
- 商品情報（ニュース、詳細情報、ノウハウ、市場の声）
- 商品販売（新商品、人気商品ランキング）
- プロモーション活動（イベント、キャンペーン）
- カスタマーサポート（Q&A、顧客の声）
- コラボレーション（関連企業、パートナーシップ、顧客）

　ブログは、2005年頃から急速に普及しましたが、2010年頃になるとスマートフォンと連動するTwitter、FacebookなどのSNSが普及し始め、コンピューターを中心に使われていたブログは、スマートフォンを中心に使われるSNSに徐々に取って代わられるようになりました。

ビデオ通話

　ビデオ通話とは、インターネットを介して、お互いの映像を見ながらリアルタイムにコミュニケーションができるサービスです。**ビデオチャット**とも呼ばれます。

　第4世代移動通信システム（4G）になってから、WiFi環境も高速大容量になり、音声だけでなく映像も高画質で通信できるようになり、ビデオ通話が普及しました。**第5世代移動通信システム（5G）**では、さらに向上することが予想されます。

　インターネットに接続できるコンピューターやスマートフォンなどの機器とビデオ通話のアプリケーションがあれば、ビデオ通話をすることができます。1対1のビデオ通話だけでなく、複数の相手と同時にビデオ通話できるので、打ち合わせやミーティング、さらにはビデオ会議にも活用することができます。

相手の顔を見ながら会話できるので、文字や音声だけでは伝わらなかった相手の表情や顔色、しぐさなどの非言語情報が伝わるようになり、対面コミュニケーションに近いコミュニケーションが実現できます。

　ビデオ通話ができる代表的なアプリケーションとして、FacetTime、LINE、Messengerなどがあります。

＞Web会議

　Web会議は別名、オンライン会議とも呼ばれます。ビデオ通話との違いは、お互いの顔を見ながら通話するだけでなく、円滑に会議を進行させる機能を持っていることです。会議と言っても仕事上の会議だけではなく、学校の授業や趣味の集い、さらには会社などでは面談、医療では診察、さらには飲み会など多目的に利用されています。

　Web会議の特徴は、ビデオ通話機能のほかに、録画／録音機能、画面共有機能、ホワイトボード機能などがあります。スマートフォンやタブレットの場合はカメラとマイク、スピーカーは常設されていますが、コンピューターで行う場合はこれらの備品は必須となります。また、ハードウェアだけでなく、通信環境も重要になってきます。ときには数十人から100人以上が参加するWeb会議も行われることがあります。通信速度が遅いと映像や音声が切れてしまうことがあります。円滑に会議を進めるには高速な通信環境にしておくことが望まれます。

　FaceTime、LINE、Messenger はビデオ通話向きですが、Web会議もできる代表的なアプリケーションとして、Zoom、Microsoft Teams 、Skype、Google Meetなどがあります。

Q&A

Question 48

Webサイトを閲覧するために必要なものは、次のうちどれでしょうか。

①FTPソフト　　②メールソフト　　③ブラウザー　　④HTML

Answer 48

　コンピューターやスマートフォン、タブレットなどでWebサイトを閲覧するには、Webサイトを表示するためのソフトである「ブラウザー」が必要です。①の「FTPソフト」は、Webサイト用のデータをWebサーバーにアップロードするためのソフト、②の「メールソフト」は電子メールを送受信するためのソフト、④の「HTML」はWebサイト作りに使われる言語です。

　③の「ブラウザー」が正解です。

Question 49

Webメールの送受信をするのに必要なものは、次のうちどれでしょうか。

①SMTP　　②POP3　　③ブラウザー　　④メールソフト

Answer 49

　通常、電子メールを送受信するためには④の「メールソフト」が必要ですが、Webメールの場合には、メールソフトがなくてもブラウザー上で電子メールの送受信を行うことができます。①の「SMTP」と②の「POP3」は、メールソフトを使用した電子メールの送受信に使われるメール通信用のプロトコルですが、Webメールの場合は「HTTP」や「HTTPS」などのWeb通信用のプロトコルが使用されます。

　③の「ブラウザー」が正解です。

Question 50

複数の相手にメールを送信する場合、ほかに誰に送っているのかわからないようにするには、宛先をどこで指定するのがよいでしょうか。

①TO　　②CC　　③BCC　　④TOとCC

Answer 50

　宛先としてTOやCCにメールアドレスを指定すると、メール受信者のメールソフトには、自分以外の送り先のメールアドレスも表示され、同じメールを誰に送っているのかがわかってしまいますが、BCCに宛先としてメールアドレスを指定すると受信者のメールソフトには、そのメールアドレスは表示されず、誰に送られたものかはわかりません。

　③の「BCC」が正解です。

Q&A

Question 51

リアルタイムにメッセージのやり取りができ、発言者名、発言内容、発言時刻などが画面に表示されるコミュニケーションツールは、次のうちどれでしょうか。

①電子掲示板　　②チャット　　③ビデオ通話　　④ブログ

Answer 51

電話や会話のようにリアルタイムにコミュニケーションができるのは、②の「チャット」です。①の「電子掲示板」は「チャット」と似たコミュニケーションツールですが、「電子掲示板」で行えるのは、リアルタイムのコミュニケーションではありません。

　②の「チャット」が正解です。

Question 52

個人の趣味や出来事を日記風に投稿し、時系列にそって公開できるWebサイトは、次のうちどれでしょうか。

①電子掲示板　　②　チャット　　③電子メール　　④ブログ

Answer 52

投稿した時系列にそって表示されるのは、④の「ブログ」です。ブログは、個人の日記以外にも、ビジネスブログとしても活用されています。活用事例としては、広報活動(PR、IR)、商品情報(ニュース、詳細情報、ノウハウ、市場の声)、商品販売(新商品、人気商品ランキング)、プロモーション活動(イベント、キャンペーン)、カスタマーサポート(Q&A、顧客の声)、コラボレーション(関連企業、パートナーシップ、顧客)などです。

　④の「ブログ」が正解です。

Question 53

お互いの映像を見ながらリアルタイムにコミュニケーションを取ることができるものは、次のうちどれでしょうか。

①電子掲示板　　②電子メール　　③ビデオ通話　　④ブログ

Answer 53

映像を見ながらリアルタイムにコミュニケーションが取れるのは、③の「ビデオ通話」で代表的なソフトはSkypeです。通信環境が4Gになってから、高速大容量になったことで、音声だけでなく映像も高画質で通信できるようになり、ビデオ通信システムは向上しました。1対1の通話だけでなく複数人のグループでのビデオ通話も可能です。通信環境が5Gになることで、ビデオ通話環境は、さらに向上することが予想されます。

　③の「ビデオ通話」が正解です。

4-4   SNSコミュニケーション

SNSの特性

❯SNSの主な機能

SNS (Social Networking Service) とは、インターネットを介して、人と人との繋がりを提供する交流型の会員制サービスで、プロフィール上に自分の趣味、嗜好、居住地、出身地、出身校などを公開することによって、共通する人たちとの幅広い交流関係を築くことができます。文字、動画、写真、音声などさまざまな情報を統合して発信するだけでなく、情報を共有、拡散できるのが大きな特徴です。

最近では、コミュニケーションツールとして電子メールや電話よりもSNSが広く使われるようになりました。

SNSの持つ主な機能として次のようなものがあります。

● **プロフィール機能**
　　　自分のプロフィールを会員に対して公開する機能

● **コメント機能**
　　　投稿した内容に対して会員がコメントできる機能

● **コミュニティ機能**
　　　共通の趣味や目的を持った会員でグループを作ることができる機能

● **チャット機能**
　　　会員とメッセージの交換やチャットができる機能

● **友達紹介機能**
　　　会員に別の会員を紹介する機能

SNSには**オープン型**と**クローズド型**があります。

オープン型は、不特定多数のユーザーに投稿内容が公開されるのに対して、クローズド型は、グループ指定などをした特定のユーザーにしか公開されません。多くのSNSは、オープン型ですが、LINEのようなクローズド型の使い方を主とするものもあります。また、投稿にあたっては、実名と匿名がありますが、SNSの多くは匿名での投稿が認められています。

情報発信のタイプとしては、情報や意見交換を主とした**交流型**、ショートメッセージのやり取りを主とした**メッセージ型**、写真や画像を使って情報交流を図る**写真型**、動画を使って情報交流を図る**動画型**があります。

> SNSの特性比較

それぞれのSNSの特性をまとめます。

	公開	実名/匿名	情報発信	文字	写真	動画	チャット	リンク	拡散
Facebook	オープン型	実名	交流型	◎ 長文も可	○	○	△	○	◎
Twitter	オープン型	匿名	交流型	○ 140文字以内	○	○	△	○	◎
LINE	クローズド型	匿名	メッセージ型	○ ショートメッセージ	△	△	○	○	△
Instagram	オープン型	匿名	写真型	△ あまり使わない	◎	△	×	×	○
YouTube	オープン型	匿名	動画型	△ あまり使わない	△	◎	×	○	◎

> 情報の共有と拡散

　SNSに投稿された内容を分類して検索しやすいようにするキーワードを表示する機能のことを**ハッシュタグ**、または**情報共有ラベル**と言います。

　多くのSNSは、このハッシュタグを使って、情報の共有と拡散を図っています。使い方は、「#」の後にキーワードを記述し、タグ化することによって、共通する話題を検索し、共有しやすくすることができるようになります。

　ハッシュタグは、会社名や商品名、地域や検索されたいキーワード、キャッチコピー、英語表記など、数多く設定しておくと多くの人に検索されやすくなります。

　例えば、隅田川で行われた夏祭りの花火大会の投稿の場合のハッシュタグには、

　　　#夏祭り　#花火　#隅田川　#summer　#festival　#fireworks

と設定しておくと検索、共有がしやすくなります。

　このほかにも、次のように関連する風物詩を入れておくのもよいでしょう。

　　　#屋台　#かき氷　#浅草　#縁日　#浴衣

> 投稿の表示形式

　SNSに投稿したものの表示順には、時系列順に投稿が表示される形式とユーザーの関心の高い投稿が選択された順に表示される形式があり（Facebookでは**最新情報**と**ハイライト**という呼び方をします）、切り替えて使うことができる場合もあります。

　ユーザーの関心の高い順とは、「いいね！」やコメントのやり取りが多いという要素だけでなく、各SNSの特性に合わせたアルゴリズムで判断され表示されます。

Facebook

Facebook（フェイスブック）は、情報や意見交換ができる交流型のSNSで、世界中で人気が高く、SNSが浸透することに大きな役割を果たしたSNSのひとつです。

Facebookの大きな特徴は、ハンドルネームやニックネームの使用が一般的なほかのSNSとは異なり、実名登録が必要になっていることで、匿名性が高いほかのSNSよりもネチケットに欠ける誹謗中傷などが少ないのが特徴です。実名登録により実体のある個人の繋がりが拡大するだけでなく、企業も有効な広告媒体として利用しています。

Facebookには、**個人ページ**と**Facebookページ**があります。

個人ページとは、Facebookの一般的なユーザーが使用する個人用アカウントのページです。実名登録が必要で、アカウントは1人につきひとつしか作成することができず、繋がりを持てる**友達**は5,000人までです。**友達リクエスト**で、自分宛てにリクエストを送ってきたユーザーを承認したり、友達を検索できる機能もあるので、友達を探して自分からもリクエストを送ったりして、繋がる友達を増やしていきます。

個人ページでの投稿は、Facebookにログインした人しか見ることができず、自分が投稿した記事や自己紹介、友達などがまとまった**タイムライン**の画面内に掲載されます。

Facebookページは、個人ページと違い、実名での登録でなくても、企業名や商品名、サービス名で登録することができます。アカウントも複数作成することができ、ファンになることができるユーザー数に制限はありません。Facebookページは、Facebookにログインしていない人も閲覧することができ、友達リクエストの代わりにページに「いいね！」をして**ファン**になることができます。

ファンになったページの投稿は、自分自身や友達が投稿した文章や写真、それに対するコメントなどが表示される**ニュースフィード**の画面内に表示されます。Facebookページでの投稿は、GoogleやYahoo!などの検索エンジンの検索対象になるので、企業や店舗、商品のサービス、著名人などの公式サイトとして利用され、ユーザーとのコミュニケーションを通じて、ファンの獲得、拡大に利用されています。

投稿に対して共感を表す方法として「**いいね！**」と「**シェア**」があります。共感や賛同の意思表示をする場合は「いいね！」、その共感を友達にも伝えたいと思った場合には「シェア」という使い方ですが、拡散という点を考えたときには、その違いを理解する必要があります。

投稿に対して「いいね！」をすると、ニュースフィードにその情報は流れませんが、「シェア」をすると友達のニュースフィードにその情報が流れるので、「シェア」をしてもらった方が、より多くの人に情報が広がります。

Instagram（インスタグラム）は、写真を中心に情報交流を図る写真型SNSで、世界中にユーザーを増やし続けているSNSです。略して**インスタ**と呼ばれることもあります。

Instagramの特徴は、写真や動画の撮影、編集、共有に特化したSNSであることで、フィルターや文字入れなどの写真編集機能を豊富に備えており、簡単に写真を加工することができます。ファッション、飲食、美容、インテリアなどの写真も多く投稿され、個人の利用だけでなく、企業や店舗にはブランド力を高めたい商品のPRなどのイメージ戦略として利用されています。

Instagramは、文字だけでコミュニケーションが成り立つほかのSNSと違い、写真や動画を中心にコミュニケーションを行います。そのため、投稿する写真や動画は量より質が求められ、きれいな写真、おしゃれな写真、臨場感のある写真、共感や没入感の得られる動画を投稿することで、ファンを獲得していきます。

他人の投稿を自分のホーム画面で見られるようにすることを**フォロー**と言い、フォローしているユーザーのことを**フォロワー**と言います。

自分自身やフォローした人が投稿した写真や動画は、**タイムライン**という画面に表示されます。Instagramの投稿は、写真や動画情報がメインですが、**キャプション**として投稿の説明を文字で補うこともでき、投稿した写真や動画の右側に表示されます。ただし、キャプションだけの投稿や、キャプション内にURLのリンクを貼ることはできません。

タイムライン画面に表示される通常の投稿方法のほかに、**ストーリーズ**という投稿方法があります。**ストーリー**と呼ばれることもあります。これは、24時間で消える写真や動画を投稿できる機能で、手軽に一時的な投稿ができることで人気を集め、タイムラインに表示される通常の投稿がオフィシャル的な場であるのに対し、ストーリーズはプライベート的な場として使われています。

Instagramに投稿された情報は、**ハッシュタグ**という機能で分類を行います。「#」という記号のあとにキーワードを付けて投稿内容を分類することによって、そのハッシュタグをクリックすることで同じハッシュタグを使った投稿の一覧へリンクされます。この機能によってInstagramに投稿された情報の検索性が高まっています。

Instagramでは、投稿した写真に「いいね！」をして、その投稿をフォロワーと共有することはできますが、Facebookの「シェア」やTwitterの「リツイート」のような機能がありません。投稿をシェアする（リポスト）ための専用のアプリもありますが、Instagram自体の機能としてはありません。そのため、FacebookやTwitterに比べると、情報の拡散力は低くなりますが、Instagramで投稿した写真をFacebookやTwitterなどと連携する機能がついていますので、連携されたSNSから、情報を拡散することができます。

なお、Instagram上で見映えがする写真や動画のことを、**インスタ映えするや映える**と表現します。また、Instagramのユーザーでフォロワー数や閲覧数が多く、投稿が強い影響力を持つユーザーのことを**インスタグラマー**と言います。

LINE

LINE（ライン）は、ショートメッセージのやり取りを主としたメッセージ型のSNSで、SNSの中でも、国内最大級のユーザー数を誇り、幅広い年齢層に利用されています。

LINEの特徴は、オープン型のSNSが多い中で、友人などの限定的なグループ内でメッセージをやり取りするクローズド型であるところです。そのため、プライベートなコミュニケーションには適していますが、ビジネスでの活用にはあまり向いていません。

メッセージ交換をする機能は**トーク**と言い、文字や写真、動画や音声を使ったメッセージのやり取りがチャット感覚で利用できます。メッセージを送信した相手がそのメッセージを見たかどうかの**既読**確認をすることもでき、便利です。また、複数人によるグループチャットも可能です。

このトークでは、**スタンプ**と呼ばれるイラストを使用したメッセージの送信ができます。オリジナルスタンプや絵文字、有名なキャラクターのスタンプなど有料のものから無料のものまで多数あり、コミュニケーションツールとして広く利用されています。LINEでは、この表現豊かなイラスト（スタンプ）を使った感情表現によってコミュニケーションミスが減少し、円滑なコミュニケーションが行われています。

LINEのアプリをインストールして会員登録をすると、そのスマートフォンの電話番号やアドレス帳の情報は、アプリによって読み込まれ、ほかのLINEの会員の情報と照合されることによってLINEを使っている知人や友人と簡単に繋がることができます。

LINEには、無料の通話機能も付いており、**LINE通話**と言います。LINE通話は電話回線ではなく、インターネット回線のデータ通信を利用して通話するしくみなので、無料通話と言いつつ、データ通信容量を使っています。

Twitter

Twitter（ツイッター）は、Facebookと同じく情報や意見交換ができる交流型のSNSで、若年層を中心に利用者の多いSNSのひとつです。

Twitterの特徴は、1回の投稿が140文字までのテキストというシンプルさにあります。文字数が140字をオーバーすると投稿できません。テキストの投稿には、画像や動画も添付することが可能です。この投稿のことを**ツイート**と言います。ツイート（tweet）とは、小鳥がさえずることを意味する英語で、Twitter上で「つぶやく」ことです。

お気に入りのツイートをするユーザーを見つけたら、**フォロー**をすることができ、フォローしている人のことを**フォロワー**と言います。自分がフォローしたユーザーのツイートは、画面中央のタイムラインの画面に表示されます。なお、フォローしてくれた人にフォローをし返すことを**フォローバック**と言い、略して**フォロバ**と呼ばれています。

アカウントを承認し合うことで繋がるほかのSNSとは異なり、お気に入りのツイートをするユーザーを一方的に（許可や承認は不要）フォローすることで、知らない人とも繋がることができるのは、ひとつの特徴です。

気に入った他の人のツイートをもう一度ツイートすることを**リツイート**と言い、リツイートを行うことで自分のタイムラインに表示させることができ、フォロワーとそのツイートを共有することができます。多くのユーザーにリツイートされることで、ツイートはどんどん拡散していくという特性を持っているため、FacebookやInstagramに比べるとより拡散性が高いと言えます。ただし、匿名でツイートとリツイートができることから、モラルに欠けた投稿も多く、批判や炎上の的になることもあります。

共感できるツイートや面白いと思ったツイートなどにその意思を示す「いいね」機能があります。「いいね」をしたツイートは一覧表示できるため、ブックマーク機能としても使われます。

Twitterでは、FacebookやInstagramと同じように、ツイートにハッシュタグを付けることができます。実はこのハッシュタグ機能は、最初にTwitterで付けられた機能でしたが、現在ではFacebookやInstagramでも検索性を上げる機能として活用されています。

ツイートは、投稿したものから時系列にそって表示される形式です。新しい情報が常にタイムライン画面のトップに表示されるため、リアルタイムに近い情報を把握することができます。ほかのSNSに比べ、投稿（ツイート）の頻度が高く、一日に何度もツイートする人も多くいます。そのため、タイムライン画面のツイートの流れも速く、すぐにほかの人のツイートで埋もれ、伝えたい情報が人目に付かなくなることがあります。

YouTube

YouTube（ユーチューブ）は、動画を中心に情報交流を図る動画型SNSで、Google社が運営する世界最大の動画共有サービスです。撮影した動画をYouTubeにアップロードしたり、他のユーザーがアップロードした動画を視聴して、世界中の人々と共有することができます。YouTubeという名前は、You（あなた）とTube（ブラウン管（テレビ））とから付けられました。

LINEやTwitter、Facebookなどと違い、登録をしなくても動画を視聴することができますが、動画の投稿にはGoogleアカウントが必要です。動画の投稿は、誰でもすることができ（13歳以上）、投稿した動画は、YouTube上で編集し、字幕も入れることができます。

動画の公開方法は、「公開」「限定公開」「非公開」の３つの設定が可能です。公開は、すべてのユーザーが見ることができ、検索結果や関連動画の欄にも表示され、限定公開は、特定のユーザーのみが見ることができ、検索の結果や関連動画の欄に表示されません。非公開は、動画を公開した人が指定したユーザーだけが見ることができる設定です。限定公開と同じく検索の結果や関連動画にも表示されません。YouTubeは世界中からアクセスされますので、公開の設定を活用してプライバシーの保護を図る必要があります。

YouTubeに投稿する動画は、投稿者が著作権を保有しているか、著作権者の許諾を得ていることが前提です。著作権者の許諾を得ずに、動画を投稿や公開することは各国の著作権法に抵触する行為となります。YouTubeには、著作権を守るための監視システムがあり、また著作権者もしくはユーザーから著作権侵害の申し立てができるようになっているので、著作権法違反の動画などがアップロードされると削除されます。

YouTubeに動画を投稿する人のことをYouTuber（ユーチューバー）と言いますが、特にYouTubeへの動画投稿によって得られる収入で生活している人のことを指す呼称として使われます。「投稿した動画の総再生時間」「チャンネル登録者数」などの条件によって広告収入を受け取ることができるしくみになっているので、訴求力のある動画であれば、大きな収入を得ることもでき、小学生の将来なりたい職業アンケートでもかなり上位にランクインするようになりました。なお、YouTuberは、和製英語であり、世界中で使われている言葉ではありません。

ライブ動画配信

ライブ動画配信は、スマートフォンなどを使ってインターネット上で動画をライブで配信するサービスです。配信方法には一般公開して誰でも視聴できる**オープン配信**と、URLやパスワードを知らないと視聴できない視聴者限定の**クローズド配信**があります。

YouTubeやLINE、Facebook、Instagramのライブ配信機能を使う方法と専用のアプリを使う方法があります。無料のライブ動画配信アプリが多数登場し、最近では専用のアプリをスマートフォンにインストールして配信する人が増えています。

代表的なライブ動画配信アプリとして、ニコニコ生放送、ツイキャス、LIVEMINE、SHOWROOMなどがあります。アプリによっては自分の顔を出さずにアバターを使って配信することもできます。

職種、年齢、国籍などを問わず誰でもライブ動画配信を行うことができることが特徴です。企業や学校では発表会やイベント、セミナー、展示会などに利用されています。音楽、エンターテインメント、スポーツなどの分野では、コロナ禍を機にイベントやコンサートなどをライブ動画配信する新たな演出モデルが創出されています。そのほか、一般人でもライブ動画配信を巧みにこなし、著名になった人も多くいます。

Question 54

　すべてのSNSの投稿の表示形式は、投稿した順に時系列にそって表示されると考えてよいでしょうか。

①はい　　②いいえ

Answer 54

　SNSの投稿の表示方法は、投稿した情報の順に時系列にそって表示される設定と、投稿へのコメントや「いいね！」の数が多く、ユーザーの関心が高いと判断される情報の順に表示される設定とがあります。SNSによって異なりますので、すべてが投稿した順に表示されるわけではありません。SNSによっては設定を切り替えて使うこともできます。

　②の「いいえ」が正解です。

Question 55

　特定のユーザーに投稿内容が公開されるクローズド型のSNSは、次のうちどれでしょうか。

①Facebook　　②Twitter　　③LINE　　④Instagram

Answer 55

　①の「Facebook」、②の「Twitter」、④の「Instagram」など、多くのSNSはオープン型で、不特定多数のユーザーに投稿内容が公開されますが、LINEは、クローズド型のSNSで、限定したグループ内でメッセージのやり取りを行いますので特定のユーザーにしか見ることができません。

　③の「LINE」が正解です。

Question 56

　140文字の文字制限があるSNSは、次のうちどれでしょうか。

①Facebook　　②Twitter　　③LINE　　④Instagram

Answer 56

　①の「Facebook」は、長文も可能で60,000字まで入力することができます。③の「LINE」は、ショートメッセージに適したSNSで、1メッセージ60文字ぐらいが適量ですが、文字数の上限は10,000字です。④の「Instagram」は、写真型のSNSで、文字だけで投稿を入力することはできませんが、写真の投稿と同時に2,200字まで文字を入力することができます（キャプション）。

　②の「Twitter」が正解です。

写真や動画を中心に情報交流を行うInstagramは、ほかのTwitterやFacebookなどのように文字を中心に情報交流を行うSNSよりも、視覚効果が高いことから、拡散性は高いと考えてよいでしょうか。

①はい　　②いいえ

Answer 57

Instagram自体には、投稿をシェアできる機能が付いていません。ほかのSNSとシェアし、連携することはできますが、シェアできる機能が付いたFacebookやTwitterに比べると、拡散性は低くなります。

②の「いいえ」が正解です。

Question 58

LINEは、相手がメッセージを確認したかどうかの既読確認ができ、チャット感覚でスピーディなメッセージ交換ができるので、ビジネスとしても活用しやすいと考えてよいでしょうか。

①はい　　②いいえ

Answer 58

LINEは、クローズド型のSNSで、特定のグループ内でのプライベートなコミュニケーションには適していますが、ビジネスでの活用にはあまり向いていません。ビジネスで利用する場合は、オープン型で不特定多数に一斉送信できる機能の付いたLINE@が適しています。

②の「いいえ」が正解です。

Question 59

YouTubeに投稿された動画などは、誰でも見ることができると考えてよいでしょうか。

①はい　　②いいえ

Answer 59

YouTubeには、Googleアカウントがあれば誰でも動画を投稿することができ、登録などがなくても誰でも動画を見ることができます。しかし、動画を投稿する人は、その公開方法を設定することができます。「公開」「限定公開」「非公開」の3つの設定方法があり、「限定公開」「非公開」の設定で公開された動画は、すべての人が見ることはできません。

②の「いいえ」が正解です。

Chapter

#05

情報
セキュリティを
理解する

インターネットの安全性

インターネットは決して安全な場所ではありません。インターネットを正しく使っている人ばかりではなく、中にはインターネットを悪用し、不特定多数の人にウイルスや迷惑メールをばらまいたり、不正アクセスをしたり、詐欺犯罪を行ったりする人もいて、被害も発生しています。

自分は大丈夫、安全という過信は禁物です。インターネットを利用する以上、悪質行為による被害にあう危険性を常に認識しておくことが必要です。

安心してインターネットを使え、大切な情報を守ることができるように、しっかりセキュリティ対策を講じるようにしましょう。

悪質な行為を受ける要因

インターネット上で悪質な行為を受ける要因は、次の2つに大別できます。

❯ヒューマンエラー

ネットワーク技術や環境に対する知識不足、セキュリティ対策への認識不足によるものです。知らない人からのメールを不用意に開けてしまう、詐欺メールだということに気付かないで対応してしまう、SNSなどに個人情報を載せてしまう、IDやパスワードを盗まれるなどが、これにあたります。

これらの行為は、自ら悪質な行為を受ける環境を作り出していると言え、ネットワークやセキュリティに関するリテラシーの低さに問題があります。いくら、セキュリティ対策を講じても、このようなリテラシーの低さによる**ヒューマンエラー**が改善されない限り、セキュリティの強化には繋がりません。

セキュリティ対策の不足

セキュリティ対策が不十分だと、容易に外部からの不正アクセスを許してしまいます。

不正アクセスを許してしまう大きな要因は、OSやソフトウェアの**脆弱性**です。脆弱性とは、外部からの不正アクセスに対して安全性が損なわれている状態でセキュリティ上の欠陥です。特に、OSやソフトウェアの欠陥部分である**セキュリティホール**の放置は極めて危険です。セキュリティホールからハッキングされ、不正アクセスを許し、情報の盗難や改ざん、破壊といった被害を受けます。また、ウイルス感染の危険性も高まります。セキュリティホールは早期発見、早期対処が必要です。

セキュリティに対する注意

ヒューマンエラーやセキュリティ対策の不足による情報漏洩、不正アクセス、ウイルス感染などの被害を未然に防ぐためにも、次のことを日頃から心がけておきましょう。

パスワードの厳重な管理

情報漏洩や不正アクセスへの対策の基本は、パスワードを厳重に管理することです。詳細は次項で解説しますが、次の点に注意が必要です。

- 大文字、小文字、数字、記号を混ぜたパスワードを設定する
- パスワードの使いまわしをしない
- パスワードを人に見られない、盗まれない
- パスワードを定期的に変更する
- パスワードに2段階認証を設定する

OSやソフトウェアの更新

OSやソフトウェアのセキュリティホールが原因となる情報漏洩、不正アクセスやウイルス感染への対策は、OSやソフトウェアをアップデート、バージョンアップし、常に最新の状態に更新しておくことです。

ウイルス対策ソフトの導入

ウイルス対策を怠ると、自分のコンピューターに被害を及ぼすだけでなく、広範囲にウイルスをばらまき、自分以外の人にも多大な迷惑をかけ、大きな被害に発展する危険性があります。ウイルス感染への対策は、ウイルス対策ソフトを導入し、コンピューターに常駐させ、アップデート、バージョンアップし、常に最新の状態に更新しておくことです。

Q&A

Question 60

パスワードの管理としてふさわしくないのは、次のうちどれでしょうか。

①複数の文字種の併用　②変更しない　③使いまわさない

④２段階認証の設定

Answer 60

　パスワードの管理として名前や携帯電話の番号、誕生日などのように容易に類推できる情報をパスワードに用いないことは当然のことですが、それに加え、さまざまな注意が必要です。①の「複数の文字種の併用」は、見破られにくいパスワードにするためにふさわしい対応です。③の「使いまわさない」は連鎖的な被害を防ぐためにふさわしい対応です。④の「２段階認証の設定」は、仮にひとつのパスワードが盗まれたとしても、不正アクセスを防ぐことができるので、ふさわしい対応です。②の「変更しない」が、不適切な対応で、なるべく頻繁にパスワードを変更するほうが、管理としては好ましいです。

　②の「変更しない」が正解です。

Question 61

コンピューターウイルスへの対策としてふさわしくないのは、次のうちどれでしょうか。

①OSを最新の状態にしておく　②ウイルス対策ソフトを最新の状態にしておく

③ソフトウェアを最新の状態にしておく　④メモリの増設

Answer 61

　①の「OSを最新の状態にしておく」、②の「ウイルス対策ソフトを最新の状態にしておく」、③の「ソフトウェアを最新の状態にしておく」は、すべてふさわしい対応です。OSやソフトウェアは常に最新の状態にして、セキュリティホールを無くしておかなければなりません。ウイルス対策ソフトも、インストールするだけではなく、新しいウィルスに対応するために、常に最新の状態にしておきます。④の「メモリの増設」は、コンピューターウイルスとは直接関係なく、OSやソフトウェアなどのフリーズの防止、処理速度の低下防止への対策です。

　④の「メモリの増設」が正解です。

情報セキュリティ対策

情報セキュリティ関連の技術的対策

情報セキュリティ対策には、次のような技術的対策があります。ここでは、それぞれについて詳しく解説します。

- パスワードの管理
- データの暗号化
- 認証システム
- セキュリティシステム
- ブロックチェーン

パスワードの管理

パスワードとは、あらかじめ登録された文字列を入力することで、本人であるかどうかを識別するというセキュリティ技術で、ネットワークシステムの不正アクセス防止対策として利用されています。

＞安全性の高いパスワード

パスワードには、他人に推測されない安全性の高いものを設定することが大切です。次の点を考慮し、適切なパスワードを設定しましょう。

- **短すぎる文字列を設定しない**
    - 例） qx156　　z192
- **単語や固有名詞をそのまま使用しない**
    - 例） keyword　　opendoor　　starwars
- **わかりやすい単純な文字列を使用しない**
    - 例） aabbcc001　　12345xyz
- **名前や生年月日、住所、電話番号などの個人情報をそのまま使用しない**
    - 例） mari0405　　0903501sadako

上記を考慮した大小英文字、数字、記号を組み合わせた8文字以上のキーワードを設定することをおすすめします。
　　　例） Skj#038Ja　　Kazu936Xj

他人が容易に推測できるパスワードの設定を行わないことに加え、次のような配慮も必要です。

＞定期的なパスワードの変更

　同じパスワードを長期間にわたって使用し続けることはセキュリティ上、好ましくありません。3か月から半年をめどに、定期的にパスワードを変更することをおすすめします。

＞同一パスワードの使いまわしはしない

　アプリ、SNS、電子決済などさまざまなケースで利用するパスワードは、それぞれ異なったパスワードを設定することをおすすめします。パスワードが他人に盗まれた場合、同じパスワードを設定していると被害は大きくなります。リスクを最小限にとどめる意味でもパスワードの使いまわしはしないようにしましょう。

＞第三者にパスワードを盗まれない

　パスワードを盗まれないために、第三者の目に触れるところにパスワードを置かない、キーボードでパスワードを入力しているときに他人に見られない、パスワードをコンピューターのわかりやすいところに保存しておかないなどの配慮が必要です。

データの暗号化

　暗号化とは、あるルールに従ってデータを変換して、その内容を第三者にわからなくする技術です。この暗号化されたデータを元の内容に戻すことを**復号**と言います。暗号化や復号は、**暗号鍵**と呼ばれるデータを使って行うので、暗号鍵がないと内容を読み取ることはできません。

　暗号鍵は、データのやり取りに携わる人のみが所有し、管理することでセキュリティを確保します。情報漏洩の防止対策として、IDやパスワード、口座番号、個人情報、重要資料などの重要なデータのやり取りを行う際に利用されています。

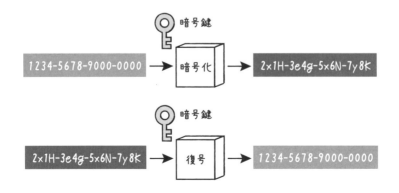

暗号化には、次の2つの方式があります。

＞共通鍵暗号方式

共通鍵暗号方式とは、暗号化と復号に同じ秘密鍵を使い、当事者（送信者と受信者）以外には秘密にしておく方式です。**秘密鍵暗号方式**とも言います。

暗号化と復号の速度が速く、少数のグループでの利用に適していますが、鍵が盗まれるとその鍵で誰でも復号ができてしまうので、鍵の管理を厳重に行う必要があります。また相手の数だけ共通鍵を作成する必要があります。

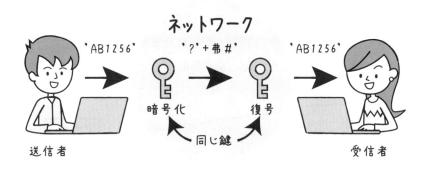

＞公開鍵暗号方式

公開鍵暗号方式とは、暗号化に必要な鍵と復号に必要な鍵を別にする方式です。

受信者の公開鍵で暗号化し、受信者は送られてきた暗号化されたデータを受信者の秘密鍵で復号します。つまり、復号鍵は受信者だけの秘密にしておく方式です。

受信者側は、秘密にしてある復号用の鍵ひとつで復号できるので、鍵の管理が容易なことから、インターネット上での商取引や顧客のクレジット番号のやり取りなど不特定多数を相手にする場合に適していますが、公開した鍵を用いるため誰でも暗号化することができるので、なりすましの危険性があります。

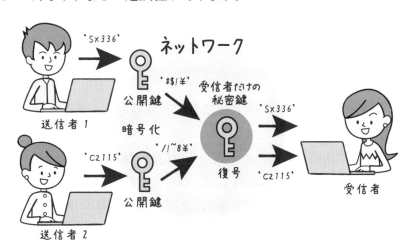

アクセスしている相手が本人であるかどうかをチェックし、アクセスを許可したり拒否したりするシステムが**認証システム**です。

ここでは、代表的な認証方法を4つ解説します。

2段階認証

IDやパスワードに加え、セキュリティコード（認証コード）の入力やスマートフォンでのログイン可否の選択を追加するといった、異なった2つの方法で本人確認をする認証システムで、セキュリティをより強固なものにします。これにより、たとえパスワードが盗まれても、簡単に認証システムを通過できなくなります。

オンラインシステムのログインやSNS、電子商取引などに幅広く利用されます。

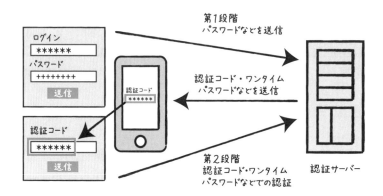

デジタル署名

デジタル署名とは、暗号化の公開鍵暗号方式を応用した認証システムです。データの送信者が秘密鍵と公開鍵を生成します。

データの送信者は、送信するデータと一緒に、秘密鍵で暗号化したデジタル署名を送ります。送られてきたデジタル署名を公開鍵を使って復号し、本人から送られたことを認証します。電子商取引をする場合などによく利用されます。

電子透かし

電子透かしとは、コンテンツデータにはほとんど影響を与えることなく、制作者情報をデータに埋め込む認証システムです。

コンテンツデータに埋め込まれた電子透かしは、見た目では電子透かしを入れていないものと変わりません。埋め込まれた電子透かしを専用の電子透かしソフトで検知することで、埋め込んだ著作権情報やコピー回数、改ざんされた箇所なども特定することができます。

画像や動画、音声などデジタルコンテンツの不正コピーやデータの改ざんなど不正利用の防止対策として利用されます。

通常は見えないが

装置を使えば電子透かしが現れる

> バイオメトリック認証

バイオメトリック認証とは、指紋や眼球の虹彩、声紋などの身体的特徴を用いて本人確認を行う認証システムで、**生体認証**とも言います。誤認証することはほとんどなく、本人を正しく認証できる、信頼性の高い認証システムです。

バイオメトリック認証には、次のようなものがあり、すでにさまざまな分野で実用化されています。

- **指紋認証**

    手の指にある指紋の模様を使って本人であるかどうか識別する技術

- **音声(声紋)認証**

    音声の特徴を解析し、本人であるかどうか識別する技術

- **顔認証**

    画像の中から顔の部分を見つけ、その顔が誰であるか特定する技術

- **虹彩(こうさい)認証**

    眼球の黒目に現れる皺のパターンを識別して本人であるかどうか識別する技術

- **静脈認証**

    手のひらの静脈の模様を使って本人かどうか識別する技術

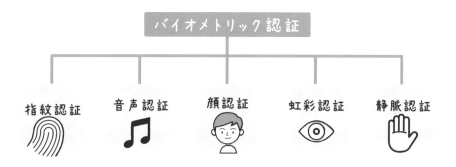

セキュリティシステム

企業や学校などでは、内部ネットワーク（LAN）を利用した情報のやり取りや共有化だけではなく、インターネットを利用し、外部のネットワークとの情報のやり取りや共有も行うようになりました。外部のネットワークとやり取りする場合、外部からの不正アクセスやウイルスの脅威に対するセキュリティ対策を講じておく必要があります。

＞SSL／TLS

SSL (Secure Socket Layer) とは、インターネット上におけるブラウザーとWebサーバーとの間のデータの通信を暗号化し、送受信させるしくみのことです。

インターネット上で送受信される氏名や住所、電話番号、クレジットカード情報、ログインに必要なIDやパスワードといった情報を暗号化することで、第三者にインターネット上でのやり取りを盗み見られてしまう「盗聴」や、情報の内容を書き換えられてしまう「改ざん」などの危険を防ぐ役割を持っています。

SSLには、公開鍵暗号方式、共通鍵暗号方式、デジタル署名による認証などのセキュリティ技術が使われています。

なお、SSLの脆弱性を解決したTLS (Transport Layer Security) は、SSLの後継規格で、仕様もほぼ同じです。

＞HTTPS

HTTPをSSL/TLSを使って暗号化したものをHTTPS (Hypertext Transfer Protocol Secure) と言います。「Secure」とは「安全」という意味で「HTTP」に「安全」を加えたものです。

ブラウザーのアドレスバーに「https://」と表示され、錠のマークが表示されていれば、SSL/TLSで暗号化していることを示していると考えてよいでしょう。「https」でデータの通信がされれば、データは暗号化されるので、セキュリティのレベルが高いことになり、インターネット上での盗聴や第三者によるなりすましを防止することができます。

＞ファイアウォール

ファイアウォールとは、外部ネットワークと内部ネットワークの間に立ち、不正アクセスやウイルスの侵入を防御するためのセキュリティシステムのことを言います。

外部のネットワークからの攻撃や不正アクセスから内部のネットワークやコンピューターを守るためのソフトウェアやハードウェアのことで、火災の際に建物に火が移ることを防ぐ壁のことをファイアウォールと言うことからそのように呼ばれます。

ファイアウォールは内部ネットワークの回線と外部ネットワークの回線の間に設置さ

れ、内部と外部の通信が必ずファイアウォールを通過するようにして、一定の基準に従って不正と判断した通信を遮断する役割をします。外部から内部への不正な侵入を防御するだけでなく、内部から外部への情報の流失も監視、防止します。

具体的には、次に解説するプロキシサーバーの設置やルーターのフィルタリング機能があります。

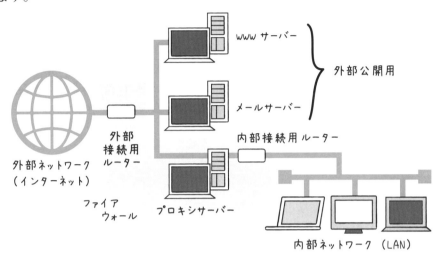

▶プロキシサーバー

プロキシサーバーとは、LANなどで接続されている個々のコンピューターが直接インターネットに接続するのではなく、内部のコンピューターと外部のインターネットの間に入り、情報の送受信の中継をするサーバーを言います。

プロキシサーバーは、ウイルスチェックを行うだけではなく、アクセス状況の履歴である**アクセスログ**を残すことができるので、不正アクセスやサイバー攻撃があった場合は、そのアクセスログを解析して適切な対応をとることができます。また、プロキシサーバーに繋がっている個々のコンピューターのIPアドレスは匿名にできるので、内部のコンピューターを直接狙った不正アクセスやサイバー攻撃ができなくなります。さらに、不審なアドレスやURLのアクセスを禁止することもできます。

▶フィルタリング機能

不正アクセスやサイバー攻撃、さらには闇サイトと通信ができないように、正しい通信を選別し、正しい通信だけを通して不正な通信を遮断する機能を**フィルタリング機能**と言います。

フィルタリング機能によって、内部から外部へのアクセスでは、ユーザー管理のもと外部へのアクセスを制限し、特定のURLや不適切なURLへのアクセスを禁止することができます。外部から内部へのアクセスでは、外部から受信したデータが適切な情報であるかをチェックすることができます。

Q&A

Question 62

　パスワードの入力に加え、さらにもう一度、本人かどうかをチェックするしくみは、次のうちどれでしょうか。

①デジタル署名　　②暗号化　　③2段階認証　　④電子透かし

Answer 62

　③の「2段階認証」は、2つのステップで認証を行うシステムです。パスワードを入力すると、さらに認証コードの入力が要求されます。この認証コードは登録した本人のスマートフォンなどに送られます。仮にパスワードを盗まれたとしてもその要求される認証コードを入力しないと認証システムを通過できません。

　③の「2段階認証」が正解です。

Question 63

　写真や映像、設計図面などのコンテンツデータ内に制作者情報を埋め込み、著作権者が誰なのかを明確にできるようにすることで、著作権法違反による不正利用を防止するしくみは、次のうちどれでしょうか。

①デジタル署名　　②暗号化　　③2段階認証　　④電子透かし

Answer 63

　④の「電子透かし」は、見た目では電子透かしを入れていないコンテンツデータと変わりません。専用の電子透かしソフトで検知することで、埋め込んだ著作権情報やコピー回数、改ざんされた箇所などを特定することができます。

　④の「電子透かし」が正解です。

Question 64

　ファイアウォールの機能は次のうちどれですか。

①フィルタリング　　②パスワード管理　　③認証システム　　④暗号化

Answer 64

　ファイアウォールの機能には、正しい通信情報かどうかを判断し、正しいと判断した情報のみをアクセスさせるフィルタリング機能、社内PCのIPのアドレスを外部に識別されないようにアドレスを変換するアドレス変換機能、履歴を追跡する監視機能があります。

　①の「フィルタリング」が正解です。

情報セキュリティ関連の法的対策

　情報セキュリティ対策には、次のような法的対策があります。これらに準じることでセキュリティの安全性が確保されます。

- 個人情報の保護に関する法律（個人情報保護法）
- 不正アクセス行為の禁止等に関する法律（不正アクセス禁止法）
- 特定電気通信役務提供者の損害賠償責任の制限及び発信者情報の開示に関する法律（プロバイダ責任制限法）
- 情報セキュリティポリシー

個人情報の保護に関する法律

　コンピューターやスマートフォンの利用が広まり、さまざまなデータがインターネット上に集積されています。これにより、個人のプライバシーに関わる内容を簡単に探し出すことができるようになりました。そこで、個人情報の取り扱いの法的規制として、2005年に個人情報の保護に関する法律（以下、個人情報保護法）が施行されました。

　個人情報保護法は、個人情報に関して本人の権利や利益を保護するための法律です。データベースなどに体系的に整理された個人情報を保有する民間の企業や団体である個人情報取扱事業者に適正な取り扱い措置を求めるもので、違反時は罰則（6カ月以下の懲役か、30万円以下の罰金）などが定められています。

　最初は、保有する個人情報が5,000件以下の小規模な事業者は対象外とされましたが、2017年5月に施行された改正法では、すべての事業者が対象とされました。これよって個人事業主なども対応が求められることとなりました。

　個人情報とは、特定の個人を識別することができる情報のことを言います。名前、住所、生年月日、職業、勤務先、学校名、銀行口座番号、クレジットカード番号、暗証番号、メールアドレス、SNSのアカウント、家族構成はもちろんのこと、最寄り駅、位置情報、家の周りの写真や家族や友達との写真も、広い意味では個人情報に含まれます。

　一度流出してしまった個人情報は、インターネット上に情報として流れ、どんどん拡散していきます。個人情報をうっかり人に漏らさない、インターネット上に書き込まない、スマートフォンやUSBメモリにもロックをかける、コンピューターやスマートフォンのOSやソフトウェアの更新を行うといった管理をしっかりしましょう。

　不正アクセス行為の禁止等に関する法律（以下、不正アクセス禁止法）とは、他人のパスワードの無断使用、アクセス権限のない第三者がネットワークを通じて、情報システムの内部に侵入する行為の禁止を定めるものです。2000年から施行され、2013年に改正されました。この法律は、不正アクセスの行為者に対する規制とアクセス管理者による防御側の対策で構成されています。

　不正アクセス禁止法に触れる行為と罰則には次のようなものがあります。

- 不正アクセス罪（3年以下の懲役または100万円以下の罰金）
  - なりすまし行為をすること／セキュリティホールへ攻撃すること
- 不正取得罪（1年以下の懲役または50万円以下の罰金）
  - 他人のIDやパスワードなどを不正使用するために取得すること
- 不正助長罪（1年以下の懲役または50万円以下の罰金）
  - 他人のIDやパスワードなどの識別情報を無断で第三者に提供すること
- 不正保管罪（1年以下の懲役または50万円以下の罰金）
  - 他人のIDやパスワードなどを不正に保管すること
- 不正入力要求罪（1年以下の懲役または50万円以下の罰金）
  - IDやパスワードなどを不正に入力させること

　不正アクセスによる被害で多いものの例には、次のようなものがあります。

- 他人になりすまして情報の発信
- Webサイトの改ざん
- 不正な送金（インターネットバンク）
- 不正な物品の購入（インターネットショッピング）
- 不正な操作（オンラインゲーム・インターネットオークション）

　不正アクセス禁止法の処罰対象となるのは、悪意に満ちた行動だけではありません。何気ない行動も処罰の対象になる可能性があります。例えば、勝手にパスワードを解除してログインした上で家族のLINEを盗み見ることは不正アクセス禁止法に触れる可能性があります。

　被害者にも加害者にもならないためにこの不正アクセス禁止法について理解しておくことが必要です。

　特定電気通信役務提供者の損害賠償責任の制限及び発信者情報の開示に関する法律 (以下、プロバイダ責任制限法) は、インターネットのような情報環境において、権利侵害の事案に対してプロバイダーが負う損害賠償責任の範囲をどのように扱うかについて定めたものです。2001年11月に成立し、2002年5月に施行されました。

　この法律では、インターネット上に権利侵害情報が掲載されていて、被害者側からは情報の発信者がわからず、プロバイダーが削除依頼を受けた場合、公開を停止したり削除したりするなどの措置をとることができる権利が認められ、この措置によって発信者に損害が生じても賠償責任は負う必要がないとされています。また、権利侵害の被害が発生した場合でも、その事実を知らなければ、プロバイダーは被害者に対して賠償責任を負わなくてもよいとされています。このようにプロバイダーの責任を制限するのは、権利侵害をしていると思われる情報がWebサイトに掲載されたとき、発信者と被害者の双方から法的な責任を問われる可能性があるためです。

　権利を侵害したものでないにもかかわらず削除すれば発信者から、権利を侵害した情報であるにもかかわらず放置をすれば被害者からの損害賠償責任を負うことになってしまうので、一定の条件を満たしていれば、プロバイダーの責任を免責することが定められました。このようにすることで、プロバイダーが情報の削除に応じやすくなり、そのことが権利を保護することに繋がります。

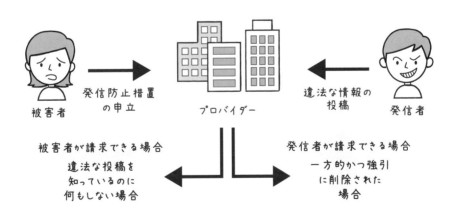

プロバイダーに損害賠償の請求ができる場合

被害者 → 発信防止措置の申立 → プロバイダー ← 違法な情報の投稿 ← 発信者

被害者が請求できる場合
違法な投稿を知っているのに何もしない場合

発信者が請求できる場合
一方的かつ強引に削除された場合

　また、権利侵害を受けた被害者は、損害賠償請求権の行使に必要な場合は、情報発信者の名前、住所、メールアドレス、IPアドレス、利用者認識符号、侵害情報が発信された日時などの情報の開示をプロバイダーに対して求めることができることについても定められています。

　情報セキュリティポリシーとは、企業や組織が情報セキュリティを保つための基本方針です。外部からの不正アクセスやウイルス攻撃、機密データや個人情報の保守などについてどのような防御策を講じているかについて宣言したものを言います。

　万一、サイバー攻撃によって被害を受けた場合、会社や組織としてどのような情報セキュリティポリシーが図られていたかが重要になります。現代社会において、会社や組織の運営上、情報セキュリティポリシーは必要不可欠です。

　どこまでセキュリティをかけるか、どのようなセキュリティをかけるか、どの程度の人件費やコストをかけるかで、セキュリティ対策に対する企業の指針は違ってきます。情報セキュリティポリシーは、こういった多数の要因を総合的に判断して策定し、責任の所在や判断基準や実施すべき対策を明確にするものです。

　もし、情報セキュリティに関わる事故やトラブルが発生した場合には、策定した情報セキュリティポリシーに定められた対応方法にそって、迅速な処理、対応を行います。

　情報セキュリティポリシーの表し方には、決まったものはありませんが、次のような指針や方針を定めます。

- **アクセス権**
  どの情報を誰にアクセスさせ、誰にアクセスさせないかの権限について定める
- **操作権限**
  どの操作を誰に対して許可し、誰に許可しないかの権限について定める
- **防御体制**
  不正アクセスやウイルス攻撃など外部からの攻撃に対して、どのように防御をするかについて定める
- **維持運用管理体制**
  システムの正常稼働の確認とどのように維持運用管理を行っていくかについて定める

　情報セキュリティポリシーは、「基本方針」「対策基準」「実施手順」の順に、3階層に分けて策定するのが一般的です。

> 基本方針

　組織全体での理念や指針です。なぜ情報セキュリティ対策が必要なのか、情報資産を守るためにどのような方針をとるのかといった情報セキュリティポリシー全体の表題、理念です。

　具体的には、適用範囲や対象者、役割や違反した場合の対処法などを明確にします。

> 対策基準

　基本方針を実現するための規則です。どのような情報セキュリティ対策を講じるのかについてのガイドラインを作ります。

　具体的には、入退出管理、セキュリティ教育、社内ネットワーク利用、サーバー運用、アウトソーシング契約などのガイドライン作りです。

> 実施手順

　対象者や運用手続きを明確にし、対象者への個別対策について、マニュアル化します。

　具体的には、入退出管理、セキュリティソフトの導入手順、ネットワークシステムの正常稼働確認などについて、マニュアル化します。

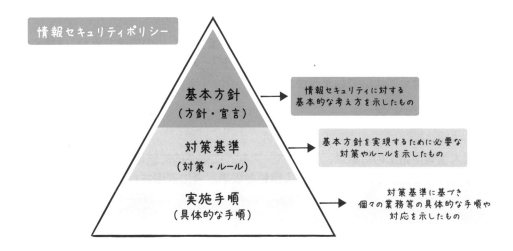

　情報セキュリティポリシーは、策定しただけではなく、研修を実施するなどして遵守させることを徹底しなければなりません。

　また、策定し運用を開始した後にも、社会状況や環境の変化に応じて、定期的な見直しを継続的に繰り返し、必要に応じて情報セキュリティポリシーの改訂を行う必要があります。

　情報セキュリティポリシーの策定や運用のように、企業や組織における情報セキュリティの確保に組織的に取り組むことを**情報セキュリティマネジメント**と言います。

Question 65 ··

個人情報にあたるものは、次のうちどれでしょうか。

①訪れるお店の地図　　②自分の家の位置情報　　③地元の観光案内

④見たい映画の告知

Answer 65

個人情報とは、特定の個人を識別することができる情報のことです。名前、住所、生年月日、職業、勤務先、学校名、銀行口座番号、クレジットカード番号、暗証番号、メールアドレス、SNSのアカウント、家族構成はもちろんのこと、最寄り駅、家の周りの写真や家族や友達との写真も広い意味では個人情報に含まれます。

②の「自分の家の位置情報」が正解です。

Question 66 ··

個人情報保護法は、各個人が自分の情報を保護するための法律であり、企業や学校に登録された従業員や学生の情報が入ったデータベースは、この法律の対象にはならないと考えてよいでしょうか。

①はい　　②いいえ

Answer 66

個人情報保護法の対象は、データベースなどに体系的に整理された個人情報を保有する民間の企業や団体である個人情報取扱事業者に適用され、適正な取り扱い措置が求められています。違反した場合の罰則（6カ月以下の懲役か、30万円以下の罰金）なども定められています。

②の「いいえ」が正解です。

Question 67 ··

インターネット上で運営されている掲示板への書き込みで、名誉毀損や著作権侵害などの問題が生じた際の掲示板管理者に問われる責任を定めた法律は、次のうちどれでしょうか。

①個人情報保護法　　②不正アクセス禁止法　　③プロバイダ責任制限法

④セキュリティポリシー

Answer 67

インターネットのような情報環境において権利侵害があった場合、「プロバイダが負うべき損害賠償責任を制限すること」と「発信者情報の開示や削除請求」について規定した法律は、プロバイダ責任制限法です。正確には、「特定電気通信役務提供者の損害賠償責任の制限及び発信者情報の開示に関する法律」と言います。

③の「プロバイダ責任制限法」が正解です。

Question 68

アクセス権限がない第三者によるネットワークへの侵入行為などの禁止を定めた法律は、次のうちどれでしょうか。

①個人情報保護法　　②不正アクセス禁止法　　③プロバイダ責任制限法

④情報セキュリティポリシー

Answer 68

他人のパスワードを無断使用して、アクセス権限のない第三者がネットワークを通じて情報システムの内部に侵入する行為を禁止した法律は、不正アクセス禁止法です。正確には、「不正アクセス行為の禁止等に関する法律」と言います。「不正アクセス罪」「不正取得罪」「不正助長罪」「不正保管罪」「不正入力要求罪」について定められています。

②の「不正アクセス禁止法」が正解です。

Question 69

他人のパスワードを本人の許可なく第三者に教えた場合に問われる罪は、次のうちどれでしょうか。

①不正保管罪　　②不正助長罪　　③不正取得罪　　④不正入力要求罪

Answer 69

①の「不正保管罪」は、他人のパスワードを不正に保管すること、③の「不正取得罪」は、他人のパスワードを不正使用するために取得すること、④の「不正入力要求罪」は、パスワードを不正に入力させることで問われる罪です。

②の「不正助長罪」が正解です。

Question 70

情報セキュリティポリシーは、「ポリシー」なので、方針が明確に定められていれば、具体的な対策や内容について定める必要はないと考えてよいでしょうか。

①はい　　②いいえ

Answer 70

情報セキュリティポリシーには、情報資産を守るためにどのような方針をとるのかといった情報セキュリティポリシー全体の「基本方針」だけでなく、どのような情報セキュリティ対策を講じるのかについてのガイドラインである「対策基準」、対象者や運用手続きを明確にし、対象者への個別対策についてマニュアル化した「実施手順」を定めます。一度定めた後も、見直しや改善を行うことが重要とされます。万一、不正アクセスやサイバー攻撃などのネット被害にあった場合には、この情報セキュリティポリシーが問われます。

②の「いいえ」が正解です。

5-4　コンピューターウイルスへの対策

コンピューターウイルス

コンピューターが急に動かなくなった、いきなり大量のメールが送られてきた、自分の名前で勝手に知らない相手にメールが送られていたといった経験はありませんか。

これらは**コンピューターウイルス**（以下、**ウイルス**）への感染による症状の可能性があります。ウイルスに感染すると、ほかにも次のような症状が現れます。

- 画面に不審な画像やメッセージが表示される
- コンピューターの動作が遅くなったり、起動しなくなったり、強制終了したりする
- ファイルやデータを消去される
- コンピューターが再起動をくり返す
- 不審なWebサイトが勝手に表示される

次のように、感染したことに気付きにくい症状もあります。

- コンピューター内でファイルなどに自動的に増殖する
- ネットワークを介してほかのコンピューターに感染する
- アドレス帳などに登録されているメールアドレスにウイルスを添付してメールを送る
- OSやプログラム内に外部から侵入できる入り口である**バックドア**を作る
- クレジットカード情報などの個人情報を盗まれる

ウイルスの感染経路

ウイルスは、USBメモリやハードディスクなどの記憶媒体を介して感染するだけでなく、メールを開封したり、Webサイトを閲覧したりするだけで感染するものもあります。

ウイルスの感染経路と活動方法を理解し、ウイルスの感染防止を心がけましょう。

▶USBメモリなどの記憶媒体からの感染

CD-R、DVD-R、BD-R、USBメモリや外付けのハードディスクなどの記憶媒体に収められたデータの中にウイルスが含まれていた場合、コンピューターとその記憶媒体を接続するだけでウイルスに感染することがあります。

記憶媒体を接続する際には、ウイルス対策ソフトでウイルスチェックをする、または接続した外部の記憶媒体の中にあるプログラムを自動実行しないようにコンピューターの設定をしておくなどの対策が必要です。

＞電子メールの添付ファイルによる感染

　電子メールの添付ファイルを開くことでウイルスに感染することがあります。悪質なものだと、添付ファイルを開かなくてもメールを開封するだけで感染してしまうことや、メールの本文中に記載されているURLをクリックすることで感染する場合もあります。

　特にメールマガジンで一般的に使用されているHTML形式のメールは、HTMLに組み込まれた不正なプログラムが起動し、メールを開封しただけでウイルスに感染する恐れがあります。

＞マクロプログラムによる感染

　Microsoft社のWord、ExcelなどのOfficeアプリケーションソフトに搭載されているマクロという機能（特定の操作手順をプログラムとして登録できる機能）を悪用して感染するものです。Excelなどのファイルに埋め込まれたマクロウイルスが電子メールに添付され、そのファイルを開いたユーザーのコンピューターがウイルスに感染します。

＞Webサイトの閲覧による感染

　ウイルスが埋め込まれた悪意のあるWebサイトを閲覧するだけで感染することがあります。かつては、出会い系サイトやアダルト系サイトなどのあやしいWebサイトでの感染に限られていましたが、最近では、一見普通のWebサイトにもウイルスが埋め込まれているものが発見され、被害が増加しています。Webサイトに公開されている動画や画像をダウンロードさせ、そのファイルを開くことにより感染する場合もあります。

＞ソフトウェアのインストールによる感染

　インターネット上からソフトウェアをダウンロードし、インストールすることでウイルスに感染することがあります。ウイルス対策ソフトを「無料提供」などと謳って、ウイルス付きのプログラムをインストールさせる偽ウイルス対策ソフトの被害が増えています。

＞ファイル共有による感染

　インターネット上で不特定多数とのファイルをやり取りするためのソフトウェアのことを**ファイル共有ソフト**と言います。このファイル共有ソフトを利用することで、自分と相手がお互いに欲しいファイルを交換し合うことができます。このしくみを悪用して、正常なファイルと偽ってウイルスに感染したファイルを配布されることがあります。

ネットワークからの感染

会社や学校、家庭でネットワークを組んで複数のコンピューターを接続している場合、1台のコンピューターがウイルスに感染するとネットワークで繋がっているほかのコンピューターもネットワークを介してウイルスに感染してしまうことがあります。

ウイルスの種類

ウイルスには、さまざまな種類のものがあります。代表的なものを紹介しますので、それぞれのしくみと特性を把握し、適切な対応策を講じましょう。

ファイル感染型

ファイル感染型のウイルスとは、実行型ファイル（拡張子「.com」「.exe」「.sys」など）に寄生し、増殖するウイルスです。ファイルを実行するたびにウイルスプログラムを実行し、感染を繰り返します。

マクロ感染型

マクロ感染型のウイルスとは、Microsoft社のOfficeアプリケーションソフトに搭載されているマクロ機能を悪用して感染するウイルスです。この**マクロウイルス**は、マクロ機能を乗っ取り、ファイルの書き換えや削除、自己増殖をしたりします。

ワーム

ワームとは、ネットワークを介してほかのコンピューターに感染していくウイルスで、強い感染力があり、どんどん感染先を増やしていくことが特徴です。ネットワーク以外にも、電子メールや共有フォルダー、USBメモリなどから感染することもあります。

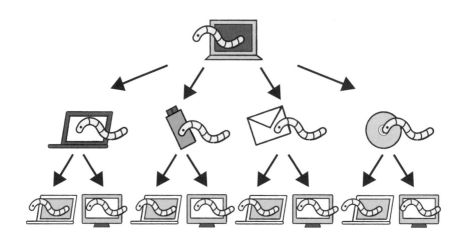

＞トロイの木馬

トロイの木馬とは、データの破壊、改ざんなどの不正機能を組み込んだプログラムのことです。利用者をだまして興味を引くようなソフトウェアになりすましてインストールさせ、そのプログラムを実行することでウイルスに感染させます。ほかのファイルやシステムに感染するといった増殖機能はありません。

＞ボット

ボットとは、インターネットを介して、外部からコンピューターを遠隔操作することができるようにするウイルスを言い、スパムメールを大量に配信したり、個人情報を盗み出したりし、後述のDoS／DDoS攻撃やフィッシング詐欺、スパイ活動などのコンピューター犯罪にも悪用されます。

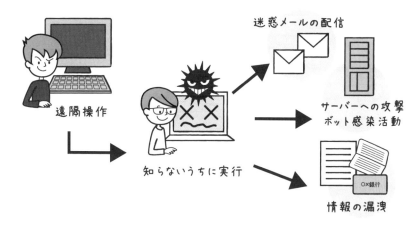

　ここで紹介したもの以外にも、ウイルスは日々新しいものが作られ、世界中に発信されています。

ウイルス対策ソフト

　ウイルスを検出し、除去するソフトウェアを**ウイルス対策ソフト**と言い、**ワクチンソフト**、**アンチウイルスソフト**、**セキュリティソフト**とも呼ばれます。

ウイルスへの感染を防止する方法のひとつとして、このウイルス対策ソフトの導入があります。

　ウイルス対策ソフトは、検査対象のファイルと既存のウイルスコード（定義ファイル）とをパターンマッチングして比較、検知しています。定義ファイルに登録のない新種のウイルスは検出できないので、新型のウイルスに対応できるように定義ファイルは定期的に更新することが必要です。ウイルス対策ソフトを有効に使うためには次のことが必要です。

● コンピューターに常駐させること
● 常にバージョンアップやアップデートを行い、定義ファイルを定期的に更新すること
● 使用期間が過ぎたら、継続して契約の更新をすること

　ウイルス対策ソフトを導入し、常にウイルスを監視し、ウイルスに感染したファイルがあった場合、即時に修復し、コンピューターを感染前の状態に回復できる環境にしておきましょう。

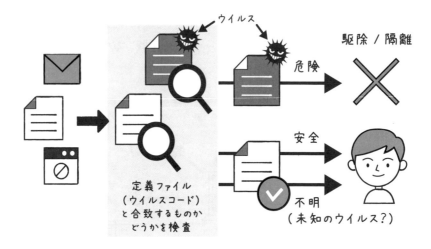

　自分のコンピューターがウイルスに感染しないように、ウイルス対策ソフトの導入以外にも次のような対応が必要です。

● OSやソフトウェアは、常にバージョンアップやアップデートをする
● ブラウザーのセキュリティレベルを高く設定する
● あやしいWebサイトにはアクセスしない
● あやしいメールのリンクや添付ファイルは開かない、返信しない
● 開発元の明確でないソフトウェアはダウンロードしない

ファイル感染型のウイルスに感染する可能性のある操作は、次のうちどれでしょうか。

①ファイルを保存する　　②ファイルを実行する　　③ファイルを削除する

④ファイルをダウンロードする

ファイル感染型のウイルスは、実行型ファイルに寄生し、増殖するウイルスです。実行型ファイルにウイルスが仕込まれているので、そのファイルを実行するとウイルスプログラムを実行し、感染します。

②の「ファイルを実行する」が正解です。

ほかのファイルに寄生するのではなく、単体で存在し、ネットワークを介してほかのコンピューターに増殖する感染力の強いウイルスは、次のうちどれでしょうか。

①ワーム　　②トロイの木馬　　③ボット　　④マクロ型ウィルス

ほかのファイルに寄生せず単体で存在することが特徴のウィルスは、ワームです。ネットワークの脆弱性を見つけて侵入し、ほかのコンピューターに感染するウイルスで、非常に強い感染力があります。

①の「ワーム」が正解です。

自ら増殖能力を持たず、ユーザーの興味を引くプログラムになりすまし、インストールさせることで侵入するウイルスは、次のうちどれでしょうか。

①ワーム　　②トロイの木馬　　③ボット　　④ファイル感染型ウイルス

害のないプログラムになりすましてインストールさせることで感染することが特徴のウイルスは、トロイの木馬です。また、ほかのファイルやシステムに感染する増殖機能がないことも特徴です。ギリシア神話のトロイア戦争の中にあるトロイの木馬のように危険だと思わないで中に招き入れたことに倣ってそう呼ばれています。

②の「トロイの木馬」が正解です。

Q&A

Question 74 ⋯⋯⋯⋯⋯⋯⋯⋯⋯⋯⋯⋯⋯⋯⋯⋯⋯⋯⋯⋯⋯⋯⋯⋯⋯⋯⋯⋯⋯⋯⋯⋯⋯⋯⋯⋯⋯⋯⋯

　感染すると外部のコンピューターから遠隔操作される可能性のあるウイルスは、次のうちどれでしょうか。

①ワーム　　②トロイの木馬　　③ボット　　④マクロ型ウイルス

Answer 74

　感染するとそのコンピューターに直接的な被害を与えるのではなく、遠隔操作されることが特徴のウイルスは、ボットです。ボットに感染したコンピューターは、リモートで操作され、乗っ取られた状態となってしまい、ウイルスに感染したことに気付かないまま、スパムメールの配信、サーバーへの攻撃などのコンピューター犯罪に加担させられていることもあります。動作が、ロボットに似ているところから、ボットと呼ばれています。

　③の「ボット」が正解です。

Question 75 ⋯⋯⋯⋯⋯⋯⋯⋯⋯⋯⋯⋯⋯⋯⋯⋯⋯⋯⋯⋯⋯⋯⋯⋯⋯⋯⋯⋯⋯⋯⋯⋯⋯⋯⋯⋯⋯⋯⋯

　ウイルス対策ソフトを導入していれば、ウイルスに感染することはないと考えてよいでしょうか。

①はい　　②いいえ

Answer 75

　ウイルス対策ソフトを導入すれば、その時点で判明しているウイルスに対応できるものの、新しく作られるウイルスなどもあり、すべてのウイルスに対応できるわけではありません。ウイルス対策ソフトは、判明している既存のウイルスコードとパターンマッチングしてウイルスを検出するので、まだ登録されていない新種のウイルスは検知できません。そのため、ウイルス対策ソフトを導入し、インストールをしたら常にバージョンアップやアップデートを行い、定義ファイルを定期的に更新することや、ソフトの使用期間が過ぎたら継続して契約の更新をすることが必要です。

　②の「いいえ」が正解です。

コンピューター犯罪への対策

コンピューター犯罪の横行

インターネットを悪用したさまざまな**コンピューター犯罪**が横行しています。コンピューター犯罪に巻き込まれないためにもどのような犯罪があり、その犯罪の手口はどのようなものなのかをしっかり把握しておくことが大切です。

電子メールなどで不審な連絡があった場合には、すぐに対応せず、その情報の発信者や真偽を確認することです。横行している犯罪事例は、インターネット上にもその情報があるので調べることができます。送られてきた不審なメールの文面やタイトルなどをキーワードにして、検索して確認することも有効な対策法のひとつです。

コンピューター犯罪の中には、利用者を誘惑し、だまして犯罪に巻き込むケースも見られます。犯罪に巻き込まれた場合には、被害者になるだけでなく、知らない間に加害者にされてしまうこともあります。

ソーシャルエンジニアリング

ソーシャルエンジニアリングとは、ネットワークシステムへの不正アクセスを図るために、パスワード、暗証番号、ユーザーIDなどを盗み見や盗み聞きなどして入手することを言います。

アナログな不正アクセス行為と言えますが、人間の心理的な甘さや言動のミスにつけ込んで、巧みに個人情報や機密情報を詐取します。

具体的には、次のようなものがあります。

❯ショルダハッキング

パスワードなどを入力しているときにタイピングしているキーボードの上の手の動きや入力された文字が表示されたディスプレイを背後（肩越し）から盗み見る行為を、**ショルダハッキング**と言います。重要な情報を入力する際は、周囲を確認しましょう。

❯トラッシング

ごみ箱に捨てられた資料から、パスワードやID、IPアドレス、サーバーやルーターの情報などを探し出すという行為を、**トラッシング**と言います。ネットワークに侵入することを狙った際に、事前の情報収集として行われることが多くあります。このような情報は安易にゴミ箱に捨てるのではなく、シュレッダーで断裁処理をすることが必要です。

電話やはがきで聞き出す

　直接電話をかけ、知り合いや管理者、利用者、警察などを装い、パスワードや機密情報などを聞き出したり、はがきなどでアンケートを装って情報を収集する手口です。特に電話での行為は巧妙に仕掛けられます。パスワードや機密情報は、電話で問い合わせるということはありません。このようなケースが生じた場合は、その場で答えず、担当者などに確認するようにしましょう。

スパイウェア

　スパイウェアとは、本人に気付かれないようにコンピューターに侵入し、個人情報などを収集し、ネットの特定の場所 (情報収集者など) に送るプログラムです。ソフトウェアのダウンロードやWebサイトの閲覧時にわからないようにインストールされます。

　「無料」、「当選」、「特別サービス」などを謳い文句に、スパイウェアを送り込みます。甘い誘惑のメールには注意が必要です。

　スパイウェアはウイルスと違い、感染はしません。スパイウェアのプログラムを通じて個人情報を収集するのが目的です。

　スパイウェアへの有効な対処法としては、ウイルス対策ソフトの導入が挙げられます。多くのウイルス対策ソフトにスパイウェア対策も含まれていますが、悪質なスパイウェアには対応しきれていないこともあります。スパイウェアに特化した対策ソフトもあるので導入を考えてもよいでしょう。

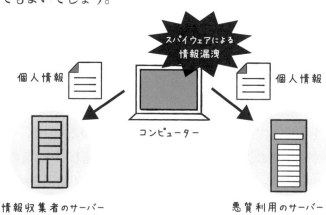

フィッシング詐欺

　フィッシング詐欺とは、実際の金融機関やクレジット会社などの正規のメールやWebサイトを装い、暗証番号やクレジットカード番号などを本人に入力させ、情報を入手する詐欺行為です。

実在のコンピューター会社、ソフトウェア会社、銀行などになりすましてメールでURLを送り、本物とそっくりのWebサイトに利用者を誘導して、「ユーザーアカウントの有効期限がもうすぐ切れます」や「新規サービスへの移行のため、登録内容を再度入力してください」など、各種サービスのIDやパスワード、銀行口座の情報やクレジットカード情報を入力させます。

サラミ法

　サラミ法とは、不正行為が表面化しない程度に少量ずつの金銭を数多くの人から数回に分けて繰り返し詐取する行為です。サラミソーセージを一本盗めば、すぐにわかってしまいますが、たくさんのサラミソーセージから少しずつスライスして盗んだ場合には、なかなか発覚しないことからこのように名付けられました。

　預金の利息分程度の1円未満の端数から数円程度なので、被害に気付きにくいですが、不明な引き落としがあった場合は、少額でもその内訳は確認しておきましょう。

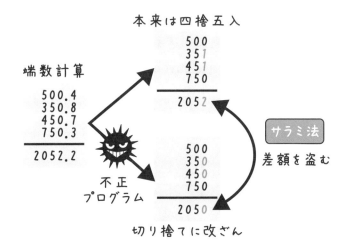

スパムメール

スパムメールとは、本人が希望していない不要な広告などを一方的に送りつけてくるメールを言います。**迷惑メール**とも言います。

大量の広告メールなどを無差別に送信するため、サーバーや通信回線に負荷が生じ、ネットワーク障害の原因になることもあります。また、送られたメールがネット詐欺の入り口になることもあります。

スパムメールが送られる原因として次のようなことが挙げられます。

- 無作為に文字や数字を組み合わせた自動配信
- WebサイトやSNSなどに記載されたアドレスへの配信
- ウイルスや不正アクセスによるアドレスの漏洩

スパムメールの種類には、「業者による宣伝メール」「出会い系サイトへの勧誘メール」「デマ情報を拡散するためのメール (愉快犯)」などがあります。スパムメールを止めるために「購読解除」や「配信停止」で返信することは注意が必要です。スパムメールに返信した場合、メールアドレスを相手に教えることになってしまうので、さらにスパムメールが増えることになります。

スパムメールへの対処法としては、契約しているプロバイダーやサーバー会社のフィルター機能を利用すれば、ある程度は防ぐことはできますが、これによって必要なメールの受信にも影響が出てしまうことがあります。完全な防御策を講じることは難しく、最悪の場合はメールアドレスを変える必要があります。

架空請求メール

架空請求メールとは、利用した覚えのない請求をされるメールのことを言い、あたかも身に覚えがありそうな契約をしたと思い込ませて、お金を支払わせようとするものです。英語で記されたメールで「payment」「invoice」といった単語をちりばめて、より不安感を煽るものもあります。

例えば、次のような架空請求メールが多く見られます。

- 有料コンテンツ利用料
- 出会い系サイト登録料
- アダルトサイト料金未納分

具体的には、次のようなメールが送られてきます。

件名
重要なお知らせ
本文
このたび、お客様がご利用された〇〇〇サイトのお試し期間内
での退会手続きが確認できていません。
登録後、長期放置状態になっており、利用規約第四条一項に基
づき、法的手段による30万円の違約請求になります。
速やかにご入金を下記までお願いいたします。

　　　振込先　　〇〇〇銀行〇〇支店
　　　普通口座　　1234567
　　　口座名義人　　〇〇〇〇

ご入金いただけない場合、または連絡もない場合は、遺憾なが
ら強制回収や法的手続きを取ることになり、その際には、請求金
額に手数料と人件費を加算して、請求させていただく場合もご
ざいますので、念のため申し添えます。

お問合せ先　　〇〇債務管理事務所
担当　　〇〇　　080-0000-1111
　　　　　　　support@〇〇〇.com

このように、「重要なお知らせ」などの件名で送られてきます。本文は、もしかしたら登録してしまったのではないかと思わせるような内容で、「法的手続き」「第〇条〇項に基づき」「強制回収」など脅しの文句を書き、被害者の不安を煽り、電話やメールで問い合わせをさせたり、お金を支払わせたりするように仕向けます。

架空請求メールの対処法としては、メールへの返信はもちろん、相手に電話での連絡もせず無視することです。重要なことは、相手はあなたのメールアドレスをはじめ名前や住所などの個人情報は何も知らないということです。適当なメールアドレスに多数の同じメールを送っているということです。メールの返信や電話などの反応のあった者に対して、詐欺行為を仕掛けてきます。

一度でも、連絡を取ったり、お金を払ったりすると、自分の連絡先を相手に教えることになり、次々と架空請求メールが送られてくる危険性があります。

あわてず、落ち着いて、無視を続けましょう。それでも執拗にメールが送られてきて不安な場合は、「国民生活センター」などに相談することをおすすめします。

```
================================================================
独立行政法人国民生活センター        http://www.kokusen.go.jp/
================================================================
```

DoS攻撃／DDos攻撃

　DoS攻撃のDoSとは「Denial of Service」の略で、「サービスを拒否させる」という意味の**サイバー攻撃**のひとつです。標的のWebサイト（サーバー）に対して大量のデータ（トラフィック）を送ることで負荷をかけ、そのサイトのサービスを妨害する攻撃で、Webサイトの回線を消費して妨害することで、そのWebサイトを利用したいユーザーを利用しづらくします。チケット予約サイトでは人気グループのコンサートチケットが発売開始になった直後にアクセスできないという現象がおこることがありますが、DoS攻撃はこれに似た状態を意図的に作り出す攻撃です。

　Dos攻撃は単一のコンピューターからの攻撃ですが、**DDos攻撃**は、複数のコンピューターから標的のWebサイト（サーバー）に対して大量のデータ（トラフィック）を送って攻撃します。DDos攻撃のDDosは、「Distributed Denial of Service」の略で、DoSに「分散型」という意味の「Distributed」が加わります。

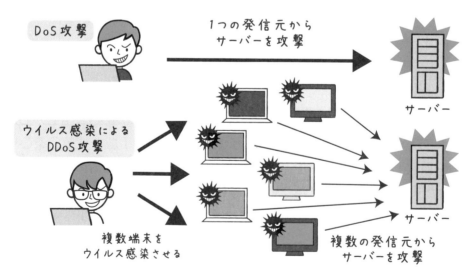

　ニュースとして報じられる規模の攻撃は、ほとんどがDDoS攻撃です。DDoS攻撃は、攻撃する者が、ボットなどのウイルスを使って複数の一般コンピューターを乗っ取って行います。攻撃をする者は自分のコンピューターからではなく、乗っ取った複数のコンピューターを遠隔操作で操って一斉にDoS攻撃をすることができます。このように他人

のコンピューターをサイバー攻撃に利用することを**踏み台**と言いますが、この踏み台が間に入るため、Webサイトやサーバーは、サイバー攻撃の真犯人を突き止めることが非常に難しくなります。

　DoS攻撃やDDoS攻撃から完全に防御する方法はありません。DoS攻撃を受けた場合は、攻撃元がひとつなので、そのIPアドレスを特定し遮断することで防御できますが、DDoS攻撃の場合は、攻撃元が複数あるので、その攻撃元のIPアドレスを特定しにくく対処が難しくなります。DDoS攻撃を受けた場合、情報セキュリティ安心相談窓口など専門家に相談することをおすすめします。

```
=========================================================
情報処理推進機構：情報セキュリティ安心相談窓口　　　　https://www.ipa.go.jp/security/anshin/
=========================================================
```

ランサムウェア

　ランサムウェアとは、コンピューターに保存してあるファイルを暗号化したり、パスワードを変更したりして、コンピューターへのアクセスを制限し、この制限を解除するため、身代金（ransom）を支払うよう要求するものです。身代金を支払わないときには、データを徐々に削除していくという悪質行為を行うものもあります。

　ランサムウェアの一種で**ワナクライ**というものが、2017年5月に世界中の企業・組織を襲いました。データを暗号化して身代金を要求するもので、自己増殖活動が可能なワーム型であるのが最大の特徴でした。

　ランサムウェアの感染経路は、主に電子メールとWebサイトです。あやしい電子メールは開かない、OSやブラウザーなどのソフトウェアを常に最新状態にしておくことが基本対策です。さらに、システムのバックアップを取っておくこと、ウイルス対策ソフトでランサムウェアに対応しておくことが必要です。

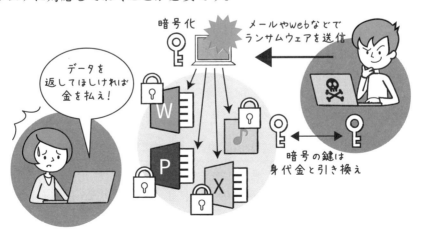

万一、感染した場合は、速やかにネットワークから感染端末を遮断すること、復元ツールで感染前の状態に戻るか確認すること、復元ツールを使ってだめなら、バックアップデータを使って感染前の状態に戻すといった対応を行いましょう。

その他の攻撃

ほかにも、次のようなサイバー攻撃があります。

❯標的型攻撃

ターゲットを絞り、その組織やユーザーに対して攻撃するものです。何らかの形でターゲットのメールアドレスを入手し、そのターゲットと関連性の高い知り合いや取引先を装ったフィッシングメールを送信します。そして巧妙にフィッシングサイトに誘導し、個人情報や機密情報を窃取します。ウイルスを仕込んだ添付ファイルを開かせることで、ウイルスに感染させ、個人情報や機密情報を窃取することもあります。

❯ゼロデイ攻撃

OSやアプリケーションプログラムなどの脆弱性を攻撃するものです。その脆弱性が修正されるまでの間、攻撃は実行され、その脆弱性が改善されるまで攻撃を止める手段はありません。

❯バッファオーバーフロー攻撃

OSやアプリケーションプログラムのデータ処理のバグを狙って、コンピューターを不正に操作して攻撃するものです。実行中のプログラムのメモリに不正プログラムを仕込まれ攻撃されます。

❯パスワードリスト攻撃

攻撃対象になっているWebサイトとは別のサイトから入手したIDやパスワードの一覧リストを使い、攻撃対象のサイトにログインを試み攻撃するものです。同一のIDやパスワードを使いまわしている人が多いことを悪用し不正にアクセスをします。

❯水飲み場型攻撃

ターゲットが普段よくアクセスするWebサイトを特定し、そのサイトを改ざんしてユーザーがアクセスした際に不正なプログラムを仕掛けてウィルスに感染させるという攻撃方法です。直接ではなく、水飲み場のようによく利用しているサイトで待ち伏せする手法であることからこのように名付けられました。

Q&A

Question 76

大量の広告メールが一方的に送られてくるコンピューター犯罪は、次のうちどれでしょうか。

①チェーンメール　②架空請求メール　③スパムメール　④ウイルスメール

Answer 76

①の「チェーンメール」は、メールの受信者に他の人に転送を促すメールのこと、②の「架空請求メール」は、身に覚えのない支払いの催促がされるメールのこと、④の「ウイルスメール」は、ウイルスが埋め込まれたメールです。大量のメールが送られてくるのは③の「スパムメール」で、広告メールに限らず、勧誘メールもあります。迷惑メールとも言われます。

③の「スパムメール」が正解です。

Question 77

パスワードを背後から盗み見て、ネットワークへの不正アクセスを図るコンピューター犯罪は、次のうちどれでしょうか。

①サラミ法　②ソーシャルエンジニアリング　③DoS攻撃　④ランサムウェア

Answer 77

背後からパスワードなどを盗み見る行為は、ショルダハッキングと言い、ソーシャルエンジニアリングのひとつです。ほかには、ごみ箱に捨てられた資料から、パスワードやID、IPアドレス、サーバーやルーターの情報などを探し出すトラッシングなどがあります。

②の「ソーシャルエンジニアリング」が正解です。

Question 78

不正行為が発覚しないように、一回あたりの金額を少量ずつ窃取して、数多くの人から数回に分けて繰り返し窃取するという手口のコンピューター犯罪は、次のうちどれでしょうか。

①サラミ法　　②DoS攻撃　　③フィッシング詐欺　　④ランサムウェア

Answer 78

少量の金銭を窃取するのが特徴のコンピューター犯罪は、①の「サラミ法」です。繰り返し長期に渡り行われるので、被害に気付きにくく、不明な引き落としには注意が必要です。

①の「サラミ法」が正解です。

Q&A

コンピューター内のファイルを暗号化したり、パスワードを変更したりすることで操作や制御をできなくしたのち、元に戻すために身代金を払うように要求するという手口のコンピューター犯罪は、次のうちどれでしょうか。

①サラミ法　②ソーシャルエンジニアリング　③フィッシング詐欺

④ランサムウェア

Answer 79

身代金を払うことを要求されるコンピューター犯罪は、ランサムウェアです。ランサムウェアに感染すると、業務がすべて止まることもあり、被害は甚大になりかねません。そのため、身代金を払ってシステムを元に戻すという選択をする人も多くいます。被害を最小限に留めるためにも、コンピューターのバックアップは、こまめに取っておき、復元できるようにしておくことが必要です。

④の「ランサムウェア」が正解です。

Question 80

ユーザーが必要だと思うようなソフトウェアと一緒に、わからないようにダウンロードされ、本人の知らぬ間にその人の個人情報を収集し、第三者にその情報を送るプログラムは、次のうちどれでしょうか。

①ランサムウェア　②ソーシャルエンジニアリング　③ワナクライ

④スパイウェア

Answer 80

本人に気付かれないようにコンピューターに侵入することが特徴のコンピューター犯罪は、スパイウェアです。ネットバンクなどで入力された口座番号やログインID、パスワードなどの情報を盗み出して外部に送信するというケースもあります。ウイルス対策ソフトで検知できるものも多くあるので、スパイウェアに対応したウイルス対策ソフトを導入し、対処することが必要です。

④の「スパイウェア」が正解です。

Chapter

#06

著作権を理解する

知的財産権

知的な創作活動の成果として生まれた発明や著作物などに対する権利を**知的財産権**と言い、**著作権**と**産業財産権**に大別されます。

著作者および著作権者の許諾を得ず、第三者が知的財産を無断で使用すると知的財産権侵害となり、その商品やサービスを差し止められたり、損害賠償請求を受けたりすることになります。

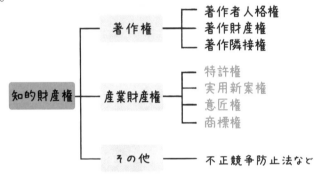

著作権

著作権は、思想、感情を創作的に表現したもの（著作物）に対して、著作者のさまざまな権利を認め、著作物を保護するためのもので、**著作者人格権**、**著作財産権**、**著作隣接権**の3つに大別されます。

著作物には、小説や論文などの執筆作品、映画や音楽などのエンターテイメント作品、絵画などの芸術作品、さらにはコンピュータープログラムやデータベースなどがありますが、著作権は、特別な才能のある人の著作物、プロ（職業）として収入を得ている人の著作物だけに認められた権利ではありません。アマチュアであっても子供であっても、その著作物に著作権は発生します。

著作権は、著作物を創作した時点で、自動的に権利が発生します。これを**無方式主義**と言い、著作権を取得するために何らかの登録や手続き、申請は必要ありません。後ほど解説する産業財産権は、申請や登録の手続きを行うことにより取得できる権利ですので、同じ知的財産権でも考え方が異なり、著作権の特徴のひとつと言えます。

著作権の保護期間は、「著作者人格権」と「著作財産権」「著作隣接権」でそれぞれ異なります。保護期間が終了した著作物は**パブリックドメイン**と言い、その著作物は誰でも自由に利用することができます。インターネット上には、パブリックドメインとなった小説や写真などの著作物を集めたWebサイトも数多く存在します。

「著作者人格権」「著作財産権」「著作隣接権」について、それぞれ詳しく解説します。

著作者人格権

著作者自身の名誉や功績、著作物への思いといった人格的な利益を保護するための権利が著作者人格権です。

著作者人格権は、著作物を作った著作者に帰属し（著作権法第17条）、著作者の子孫や第三者に譲渡することはできません（著作権法第59条）。財産的な価値についての権利である著作財産権を譲渡した場合であっても、著作者人格権は、著作者に残ることになります。そのため、この著作者人格権は、著作者の死亡に伴い消滅します。しかし、著作権法には、著作者の死後も著作者人格権の侵害となるような行為を禁止することが定められています（著作権法第60条）。なお、職務著作物の場合のように法人に著作者人格権が帰属している場合には、その法人が解散したり破産したりするなどして法人格を失うまで保護され続けます。

著作者人格権には、次の「公表権」「氏名表示権」「同一性保持権」があります。

▶公表権（著作権法第18条）

公表とは、著作物が発行、上演、演奏、上映、公衆送信、口述、展示されることを言い、公表権とは、未発表の著作物を公表するかしないか決めることのできる権利です。公表するにあたっては、時期や方法についても自由に決定することができます。

▶氏名表示権（著作権法第19条）

氏名表示権とは、著作物を公表するときに著作者名を表示するかしないか決めることのできる権利です。公表するにあたっては、実名にするかペンネームなどの変名にするかを決めることができます。匿名で公表する権利も含まれています。

▶同一性保持権（著作権法第20条）

同一性保持権とは、著作者の許諾を得ず、著作物とその表題（タイトル）が著作者の意図に反する改変を受けることを禁止することができる権利です。この権利のために、第三者が著作物を勝手にかけ離れた内容に改変したり、表題や公表者名を変更したりすると、著作者の名誉や声望を害する行為として著作者人格権の侵害になります。

著作者人格権と言われる権利はこの3つですが、著作権法は著作者の名誉または声望を害する方法で著作物を利用する行為は、著作者人格権を侵害する行為であると定めています（著作権法第113条）。あわせて覚えておくとよいでしょう。

　著作物を無断で使用されないよう保護し、著作者の財産を守る権利が**著作財産権**です。この著作財産権を著作権と呼んでいる場合もあります。

　著作財産権は、その全部または一部を譲渡することができ（著作権法第61条）、著作者の死後は相続の対象となるので、著作者でない者が著作権を持つ場合があります。著作財産権は、利用形態などによって多くの権利にわけて規定されているので、複製権はAさん、公衆送信権はBさん、展示権はC社というように権利ごとに著作権者が異なる場合もあります。著作権を持つ者のことを**著作権者**と言います。

　著作財産権の保護期間は、創作時から著作者の死後70年が経過するまで、無名や変名の著作物また法人などの団体名義の著作物、映画は公表後70年とされています。

　著作財産権には、次のようなものがあります。

❯ 複製権（著作権法第21条）

　著作物を印刷、写真、録音、録画などによって有形的に再製することに関する権利です。

　複製とは、著作物の書き写し（模写）、コピー（複写）、写真撮影、印刷、録音、録画をすることで、著作物を複製してもよいかどうかを決められる権利が**複製権**です。

　多くの場合、著作物を複製することによって著作権者は収益を得ます。そのため、複製権は著作財産権の中でも基本的な権利のひとつです。

❯ 上演権・演奏権・上映権（著作権法第22条、第22条の2）

　演劇や音楽、映画などを公に上演、演奏、上演することに関する権利です。

　上演とは、脚本などの演劇著作物を公衆に対して演ずること、演奏とは、楽譜など音楽著作物と公衆に対して、演奏したり歌ったりすること、上映とは、著作物をスクリーンなどに映して公衆に見せることで、著作物を上演、演奏、上映してもよいかどうかを決められる権利が**上演権**、**演奏権**、**上映権**です。CDやDVDなどへの録音、録画したものを再生したり、ディスプレイやスピーカーなどによる離れた場所での上演や演奏、上映も含みます。

　演劇や音楽、映画などを上演、演奏、上映する際は、著作権者の許諾を得て、場合によっては脚本作者などの著作権者に対して、著作権使用料を支払う必要があります。

❯ 公衆送信権（著作権法第23条）

　著作物を公衆向けに送信することに関する権利です。

　公衆送信とは、放送、有線放送、インターネット配信など無線、有線を問わず、あらゆる送信形態を対象として、公衆に著作物を送信することで、著作物を送信してもよいかどうかを決められる権利が**公衆送信権**です。

自動公衆送信の場合は、著作者に**送信可能化権**が認められています。自動公衆送信とは、インターネットなどのようにサーバーが公衆（利用者）のアクセスに応じて自動的に情報（著作物）を送信することを言い、そのサーバーに情報（著作物）をアップロードして公衆に送信できる状態にすることを送信可能化と言います。

❯ 口述権（著作権法第24条）

　言語の著作物を口述で公衆に伝えることに関する権利です。

　口述とは、著作物を声に出して朗読することで、朗読したものを録音して再生することも含みます。著作物を口述してもよいかどうかを決められる権利が**口述権**です。ただし、この権利は言語の著作物のみに認められた権利なので、絵画や彫刻などの美術品の解説やゲームやCGなどのコンテンツの解説は、対象にはなりません。

　第三者が著作者の許諾を得ずに、無断で小説や絵本などの朗読会を行うと口述権の侵害になります。

❯ 展示権（著作権法第25条）

　絵画や彫刻などの美術の著作物と未発行の写真の著作物の原作品を公に展示してよいかどうかを決められる権利が**展示権**です。

　展示権は、「原作品」に対するものであり、レプリカなどの複製物は対象にはなりません。写真の場合は、「まだ発行されていない写真」とされています。写真の性質上原作品の特定が難しいため、このように決められています。

❯ 頒布権（著作権法第26条）

　映画の著作物のみに認められた権利で、複製したものを頒布（譲渡、貸与、販売など）することに関する権利です。

　頒布とは、有償か無償かに関係なく、公衆に対して著作物を譲渡したり貸与したりすることで、著作物の複製を頒布してよいかどうかを決められる権利が**頒布権**です。

　この頒布権は、もともと劇場用映画フィルムの配給について著作権者（映画製作者や製作会社）が上映期間、上映場所などをコントロールするために作られた権利です。

❯ 譲渡権（著作権法第26条の2）

　映画以外の著作物の原作品または複製物を公衆へ譲渡することに関する権利です。映画の著作物は、頒布権が認められているため、この譲渡権は認められていません。

　譲渡とは、契約によって譲り渡すことで、その可否を決められる権利が**譲渡権**です。

　この譲渡権は、消尽することが定められています。**消尽**とは、一度適法に著作物を第三者に譲渡した場合、その後は著作権者には譲渡の権利はなくなるというものです。

貸与権 (著作権法第26条の3)

映画以外の著作物の複製物を公衆へ貸与ことに関する権利です。映画の著作物は、頒布権が認められているため、この貸与権は認められていません。

貸与してよいかどうかを決められる権利が**貸与権**です。著作権者は貸与を許諾したものに対して報酬請求を行うことができる**報酬請求権**があります。

この貸与権には、譲渡権と異なり消尽については定められていません。

翻訳権・翻案権 (著作権法第27条)

著作物の基本的な内容を変えず、表現方法を変える翻訳、翻案に関する権利です。

翻訳とは、著作物をほかの言語に訳することで、翻案とは、著作物を脚色、編曲、変形(著作物の表現形式を変えること)するだけでなく、アニメ化、ドラマ化、映画化、ゲーム化、ソフトウェアを改良することで、著作物を翻訳、翻案してよいかどうかを決められる権利が**翻訳権**、**翻案権**です。

二次的著作物の利用権 (著作権法第28条)

著作物の原作の翻訳や翻案によって創作された著作物を**二次的著作物**と言い、その利用に関する権利を**二次的著作物の利用権**と言います。

二次的著作物の利用権とは、二次的著作物には、二次的著作物の著作権と原著作物の著作権が発生し、二次的著作物の著作者と原作の著作者が、同じ権利を持つことです。そのため、二次的著作物を第三者が複製や上演などで利用する場合には、二次的著作物の著作権者と原作の著作権者の両方の許諾が必要になります。

著作隣接権

著作者人格権や著作財産権が、著作物を創作した者に対して与えられる権利であるのに対して、著作物を人々に伝達する者に与えられる権利が**著作隣接権**(著作権法第89条)です。著作物を人々に伝達する者とは、歌手、俳優、落語家、演奏家などの「実演家」、CDやコンピューターなどに録音した「レコード製作者」、TV局などの「放送事業者」、ケーブルテレビなどの「有線放送事業者」です。

例えば、作詞家、作曲家はそれぞれ創作した物に対して著作権が付与されますが、歌手、演奏家もその著作物を伝達し広める者として、著作者に与えられる著作権のうち「著作物を伝達する上で必要になる権利」を著作隣接権として、付与されています。

著作隣接権の保護期間は、実演されてから70年、レコードが発行されてから70年、放送または有線放送が行われてから50年とされています。

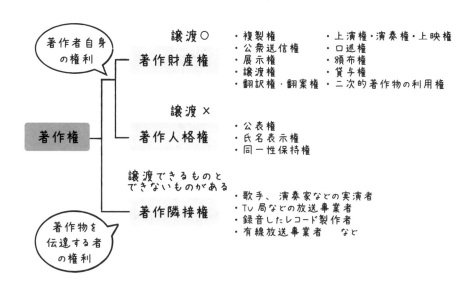

著作権の侵害

　著作権者には、自分の著作物を第三者に使用させるかどうかの許諾や禁止を決める権利があり、著作者の許諾を得ずに無断で使用することは著作権の侵害になります。

　具体的には、次のような行為を著作権者の許諾を得ずに行うと著作権の侵害となり、罰せられる可能性があります。

- 著作物の複製
- 著作物の販売
- 著作物の改変
- 著作物の翻訳
- 著作物の翻案
- 著作物の配信

　このような著作権の侵害があった場合、著作権者は著作権を侵害した者に対して、次のような請求を行うことができます。

- **侵害行為の差止請求**
  侵害行為を行っている、または行うおそれがある場合に、当該行為の停止を請求すること
- **損害賠償請求**
  侵害行為により損害を受けた場合に、損害の内容について金銭的な補償を請求すること
- **利得返還請求**
  侵害行為により利益を得た場合に、その不正に取得した利益を返還するように請求すること

　著作権侵害は親告罪です。被害を受けた著作権者が告訴することで著作権の侵害者を処罰することができます。

著作権、著作隣接権の侵害は、10年以下の懲役または1,000万円以下の罰金、またはその両方が科せられます。著作者人格権の侵害などは、5年以下の懲役または500万円以下の罰金、またはその両方が科せられます。また、違法にアップロードされていることを知りながら、動画や画像などのコンテンツをダウンロードすると、2年以下の懲役もしくは200万円以下の罰金、またはその両方が科せられます。

産業財産権

産業財産権は、**工業所有権**とも言い、工業または産業に関わる製品の生産と消費を円滑に行うための知的財産権を保護する権利で、産業財産権法で定められています。

具体的には、新しい技術やデザイン、ネーミングやロゴなどの識別標識などに独占権を与える権利で、これらの権利を取得することによって、一定期間独占的に使用することができ、第三者による模倣品の発生防止を図ることができます。

また、権利者は取得した権利の技術やアイディアを他社が使用することを許諾するライセンス契約、取得権利の売却や譲渡を行うことができます。

この産業財産権は、特許庁が所管し、特許庁に登録されなければ権利は発生しません。著作権は、創作した時点で自動的に権利が発生する**無方式主義**であるのに対して、産業財産権は、先に特許庁に登録した人に権利が発生する**先願主義**です。

産業財産権には、次の「特許権」「実用新案権」「意匠権」「商標権」があります。

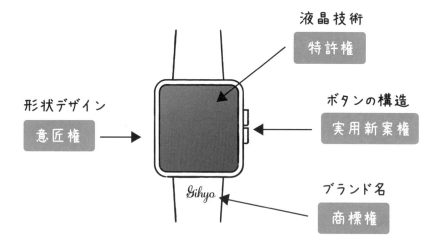

＞特許権

特許とは、高度で産業上の利用や応用が期待できる新たな発明に対してその独占を認めるもので、その権利を**特許権**と言い、**特許法**で定められています。

特許庁に出願されたのち、「既存の特許と重複していないか」「特許の要件を満たしているか」などについて審査され、合格したものだけに特許が登録されます。

出願し、特許権が付与された人が**特許権者**となり、特許権の存続期間は、出願日から20年です。20年が経過すると特許権が失効し、排他的独占が出来なくなります。

＞ 実用新案権

特許ほど高度な発明ではなく、製品の形状、構造、組み合わせに関するアイディアや発明に対してその独占を認めるもので、その権利を**実用新案権**と言い、**実用新案法**で定められています。

特許庁に出願を行い実用新案権が登録されます。特許のように厳しく審査されることはありません。審査のスピードアップの名目によりほとんど無審査で登録されますが、決められた書式に従って必要事項を記載して出願を行う必要があります。

出願し、実用新案権が付与された人が**実用新案権者**となり、実用新案権の存続期間は、出願日から10年です。10年が経過すると実用新案権が失効し、排他的独占が出来なくなります。

＞ 意匠権

意匠とは、これまでになかった独創的な製品や商品の色、形状、デザインに対しての独占を認めるもので、その権利を**意匠権**と言い、**意匠法**で定められています。

特許庁に出願されたのち、必要な条件を満たしているか審査され、合格したものだけに意匠権の登録がなされます。

出願し、意匠権が付与された人が**意匠権者**となり、意匠権の存続期間は、登録日から20年です。

＞ 商標権

商標とは、商品やサービスの提供や販売元を明確にして、利用者にそれを伝えるためのしるしのことで、登録した商標を自由に使う権利のことを**商標権**と言い、**商標法**で定められています。

特許庁に出願されたのち、審査され、合格したものだけが商標登録原簿に設定の登録がなされ、商標権が発生します。

出願し、商標権が付与された人が**商標権者**となり、商標権者だけが独占的に使用できる専用権で、商標権者以外の第三者が使用することは禁止されます。

商標権存続期間は、登録日から10年ですが、申請により更新することもできます。

```
============================================================
```
特許の申請状況の確認ができるサイト　https://www.j-platpat.inpit.go.jp/
```
============================================================
```

Q&A

Question 81 ....

著作権は、先に登録したものが主張できる権利と考えてよいでしょうか。

①はい　　②いいえ

Answer 81

　著作権は、著作物を創作した時点で自動的に発生する無方式主義の権利で、特に申請や登録の手続きは必要ありません。特許権、実用新案権、意匠権、商標権といった産業財産権は、特許庁への出願、登録が必要な先願主義の権利です。
　②の「いいえ」が正解です。

Question 82 ....

ある建造物の外観を背景に記念撮影してWebサイトやSNSに公開しました。この行為は、著作権法上、問題があるでしょうか。

①ある　　②ない

Answer 82

　著作権法では、建築物の撮影やWebサイトやSNSでの公開は、認められています。公園にある彫刻や銅像など、屋外に恒常的に設置されている美術品も同様です。ただし、全く同じ建築物、彫刻、銅像をつくることや販売する目的で複製物を作ることは禁止されています（著作権法第46条）。また、その写真が建築物の所有者の敷地の中で撮影されている場合には、問題となる可能性がありますので注意が必要です。
　②の「ない」が正解です。

Question 83 ....

絵画展に展示されている作品の写真を、無許可でWebサイトやSNSに公開しました。この行為は、著作権法上、問題があるでしょうか。

①ある　　②ない

Answer 83

　絵画を掲載することは複製にあたりますので、許諾を得ずに撮影することは複製権の侵害です。撮影する際は、撮影許可されているかを確認し、許可されていない場合は、許諾をとる必要があります。また、WebサイトやSNSへの掲載は、公衆送信権（著作権法第23条）が生じます。許諾のない展示物をWebサイトやSNSなどに掲載し、配信することは、公衆送信権の侵害にもなります。
　①の「ある」が正解です。

Q&A

Question 84 ....

　あるセミナーに使われた資料を入手し、無許可で編集して自分の教育用教材を作りました。この行為は、著作権法上、問題があるでしょうか。

①ある　　②ない

Answer 84

　著作者人格権の同一性保持権（著作権法第20条）の侵害になります。著作者の許諾を得ずに著作物を編集するなどの改変行為は認められていません。

　①の「ある」が正解です。

Question 85 ....

　自分の好きな松尾芭蕉の俳句をまとめ、自分のWebサイトに掲載しました。この行為は、著作権法上、問題があるでしょうか。

①ある　　②ない

Answer 85

　著作権の保護期間は、著作権者の死後70年です。

　②の「ない」が正解です。

Question 86 ....

　自ら開発した商品の名前を、好きなお菓子と同じ名前にして販売しようと考えました。この行為は、著作権法上、問題があるでしょうか。

①ある　　②ない

Answer 86

　権利の対象となるのは、著作権ではなく、商標法です。商品の名前が商標として既に登録されたものかどうかを確認する必要があります。

　②の「ない」が正解です。

Question 87 ....

　コンパクトに折り畳むことができる軽量電動スクーターに独創的な構造デザインを施し、商品化しました。このスクーターの形状デザインは、どのような権利を取得することができるでしょうか。

①特許権　　②実用新案権　　③意匠権　　④商標権

Answer 87

　形状デザインのアイディアですので、特許庁に出願し登録されれば、実用新案権を取得することができます。

　②の「実用新案権」が正解です。

プログラム（ソフトウェア）に関する著作権

プログラムの著作権

　著作権の保護の対象になる条件は、創造性のある表現や機能があることで、コンピューターを稼働させるソフトウェアであるプログラムも著作物として著作権法の保護の対象となります（著作権法第10条）。

　この「プログラム」には、機械語で表されたオブジェクトプログラムやプログラム言語で表現されたソースプログラム、アプリケーションプログラムだけではなく、オペレーティングシステムやコンパイラーなどの言語プロセッサーなども含まれます。プログラムの作成過程に作成されるシステム設計書、フローチャート、マニュアルなども著作物あるいは図形の著作物として保護されます。

　ただし、誰がつくっても同じ表現のプログラムになるような創作性がないプログラムは著作権の保護の対象にはなりません。また、言語、プロトコル（規約）、アルゴリズムも著作権の対象外です。

ソフトウェア開発における「職務著作」「共同著作物」「結合著作物」の著作権の帰属

　個人でソフトウェアを開発した場合には、当然開発者本人に著作権は帰属しますが、会社の従業員として開発した場合、複数の人間で開発した場合、ゲームなどのように独立した著作物が結合してひとつの著作物となる場合にそれぞれの部分の開発における著作権は、どこに帰属するのでしょうか。

　ここでは、「職務著作」「共同著作物」「結合著作物」について解説します。

❯職務著作

　会社（法人）などの従業員が、その職務上著作物を創作した場合、創作者を雇用していた会社（法人）などに著作権が帰属し、著作権者となり（著作権法第15条）ます。このことは**職務著作**または**法人著作**と言います。

　ソフトウェアの開発を外部の企業に委託した場合にも、著作権は、基本的には外部委託先に帰属しますので、依頼元の企業が著作権を取得したい場合は、依頼先の企業と著作権がどちらに帰属するか、事前に契約書などで明確にしておく必要があります。

　なお、派遣社員の場合は、派遣先企業の指揮命令権のもとに業務を行うので、派遣元の社員であっても、著作権は派遣先企業に帰属します。同様に、出向社員の場合は、出向先企業の指揮命令権のもとに業務を行うので、出向先企業に著作権が帰属します。

2人以上が共同で創作を行い、各人が従事した部分を個別に分けて利用することができない単一の著作物を**共同著作物**と言います。

大型のプログラムやWebサイトの開発に多く見られますが、複数の人間がひとつのソフトウェア（コンテンツ）の制作にかかわることはよくあることです。

このような場合の著作権は、共同著作者全員に帰属します。そのため、著作物の利用にあたっては、共同著作者全員の許諾が必要です。一人でも著作物の利用を拒否する人がいる場合には、その著作物を利用することはできません。

共同著作物の著作権の保護期間は、最後に死亡した著作権者の死後70年となります。

それぞれ独立した個別に分けて利用することができる著作物が結合してひとつの著作物を形成しているものを**結合著作物**と言います。

ゲーム制作、アニメ制作などに多く見られますが、シナリオ制作、キャラクター制作、プログラム開発、サウンド制作、声優などの著作権は、独立して個別に帰属します。ゲームを例に考えると、ゲームサウンドのみ利用したい場合は、ゲームサウンド制作者の許諾のみで利用することができますが、ゲーム全体を利用したい場合は、著作権者全員の許諾が必要です。

結合著作物の著作権の保護期間は、独立した著作物に対しては、その著作権者の死後70年、結合著作物全体の保護期間は、最後に死亡した著作権者の死後70年となります。

フリーソフトウェアとシェアソフトウェアの著作権

自由に広く利用してもらうことを目的とした無料で使用できるソフトウェアを**フリーソフトウェア**と言い、一定の試用期間を経て、気に入ればユーザー登録料や使用料を支払って使用することができるソフトウェアを**シェアソフトウェア**と言います。

このフリーソフトウェアとシェアソフトウェアにも著作権はあります。ともに著作権者が**著作権を留保**したまま、自由に利用しても著作権者は著作権を行使しないということであって、著作権を放棄したわけではありません。したがって、無料で使えるからといって、勝手に第三者に配布や販売をすることは、著作権の侵害になります。

無料で使用できるソフトウェアに**パブリックドメインソフトウェア**と言うものがあります。これは、著作権者が著作権を放棄したものなので、原則として利用者は自由に改変し、頒布することもできます。ただし、著作者人格権は残っていますから、これを侵害するような頒布や改変は認められません。

オープンソースソフトウェア

　オープンソースソフトウェア(OSS:Open Source Software)とは、ソースコードを無償で公開し、誰でも自由にそのソフトウェアを改良して再配布することを許可すること、またはそのようなソフトウェアのことを言います。

　インターネット上でソフトウェアを多くの人に公開し利用してもらうことで、自ら開発コストをかけることなく低コストで、より安定性のある高品質なソフトウェアを作ることができます。

　代表的なOSSには、オペレーティングシステムであるLinux、データベース管理システムのMySQL、プログラミング言語のJava、Perl、PHP、Python、WebブラウザーのFirefoxなどがあり、広く利用されています。

　OSSのライセンスは、研究目的であれば無償、商用目的なら有償が一般的ですが、OSSによってライセンス条件が異なることもありますので、利用時にはライセンスの内容を確認する必要があります。

　ここで注意すべきことは、オープンソースソフトウェアは著作権を放棄したわけではないということです。オリジナルのソフトウェアに改良を加えた新たなソフトウェアは、改良した箇所に関しては改良した者が著作権を主張できますが、改良に関係ない部分はオリジナルのソフトウェアの権利者が権利を持ちます。また、改良したソフトウェアを再配布する際は、元のソフトウェアと類似した紛らわしい名前やデザインなどにならないように商標権、実用新案権、意匠権にも配慮する必要があります。

ソフトウェア管理ガイドライン

　ソフトウェアをコピーし、他のコンピューターで使用することは、複製権の侵害になります。例えば、ソフトウェアをひとつだけ正規購入してこれを職場の複数のコンピューターにインストールする行為は、著作権侵害になります。しかし、システムの安全対策の一環として、バックアップコピーを取る行為は、著作権法で認められています(著作権法第47条)。ただし、認められているのはバックアップ用としてひとつコピーすることであり、バックアップ用と称して複数のコピーを取る行為は認められていません。

　ソフトウェアの違法コピーなどを防止するため、法人、団体などを対象として、ソフトウェアの使用にあたって実行されるべき事項を経済産業省がとりまとめたものを**ソフトウェア管理ガイドライン**と言います。違法複製の防止についてまとめた**法人等が実施すべき基本的事項**、管理責任者が行うべき事項についてまとめた**ソフトウェア管理責任者が実施すべき事項**、ユーザーが行うべき事項についてまとめた**ソフトウェアユーザーが実施すべき事項**から構成されています。

Q&A

Question 88

プログラムとして著作権法で保護されているものは、次のうちどれでしょうか。

①プログラム言語　　②開発したプログラム　　③アルゴリズム

④プロトコル

Answer 88

　著作権の保護は、創作性のある表現や機能が対象であり、プログラム言語、アルゴリズム、プロトコル（規約）は、著作権保護の対象にはなりません。

　②の「開発したプログラム」が正解です。

Question 89

　A社の要求する仕様に基づいて、新規システムのプログラム開発をB社に依頼しました。A社とB社との間で、事前に著作権の帰属に関する取り決めをしていなかった場合、プログラムの著作権の帰属先は、次のうちどれでしょうか。

①A社　　②B社　　③A社とB社　　④B社の開発者

Answer 89

　職務上作成したプログラムは、社員など制作者本人と会社との間に特別な定めがない限り、著作権は法人に帰属します。プログラム開発を外部に委託した場合で、特に取り決めがない場合には、委託先（プログラム制作を行った会社）に著作権は帰属します。

　②の「B社」が正解です。

Question 90

　それぞれの創作部分を分離して個別的に利用できない著作物を複数人で共同で創作した場合、著作権の帰属先は、次のうちどれでしょうか。

①代表者1名　　②全員　　③それぞれが創作した部分のみ

④誰も著作権を持たない

Answer 90

　分離して個別に利用できない著作物は、共同著作物です。その場合、著作権は創作者全員に帰属します。分離して個別に利用することができる場合には、結合著作物となり、創作した部分ごとにそれぞれの著作者に著作権が帰属します。

　②の「全員」が正解です。

インターネット上に掲載されたコンテンツの著作権

　著作権法で著作物は「思想又は感情を創作的に表現したものであって、文芸、学術、美術又は音楽の範囲に属するもの」と定義されています（著作権法第2条）。

　WebサイトやSNSに掲載された創作物も、「創作的に表示したもの」であれば著作物とみなされ、著作権が発生します。

　インターネット上へのコンテンツのアップロードやインターネット上に掲載されたコンテンツのダウンロードには著作権法上、次のような注意が必要です。

コンテンツのダウンロード

　他人の著作物をダウンロードしてコンピューターやサーバー内に保存するということは、データをハードディスクに複製（コピー）することです。そのため、WebサイトやSNSなどのインターネット上に公開された著作権のあるデータをダウンロードして保存することは、複製権の侵害になりますが、私的使用目的での複製であれば著作権法で認められています（著作権法第30条）。

　ただし、有償、無償に関係なく、ダウンロードした写真データや映像データなどの著作物をネットワークにつながったサーバーにコピーし、同一ネットワーク内の人たちが共有して使えるようにする行為は、私的使用の枠を超えていると判断され、複製権の侵害になるので、注意が必要です。

　インターネット上に公開されたコンテンツのダウンロードで大きな問題となっているのは、違法に複製され公開された音楽や映像コンテンツをダウンロードする**違法ダウンロード**と言われる行為です。

　現在の著作権では、たとえ私的使用のためであっても、そのコンテンツが販売または有料配信されていることに加えて、違法に配信されたものであることを知りながらダウンロードした人は、2年以下の懲役もしくは200万円以下の罰金、またはその両方が科せられます（著作権法第119条）。

　以前はダウンロードしただけでは罪に問われませんでしたが、法改正により平成22年1月より違法配信であることを知りながらダウンロードした場合は、違法となりました。この改正では刑罰は設けられませんでしたが、その後も違法配信が減ることがなく、またそれらをダウンロードする人たちも数多くいたことから、さらに法改正が行われ、平成24年10月より刑罰化されました。

もし、知らずに違法ダウンロードをしてしまった場合には、次のような対応を行う必要があります。

- **違法にダウンロードしたコンテンツを削除する**
- **違法ダウンロードしたコンテンツの共有やアップロードをしない**

　なお、Webサイトなどにリンクを貼ることは、そのデータ自体を複製したり送信したりするわけではないので、著作権侵害とはなりません。

コンテンツのアップロード

　著作権者は、公衆送信権という放送、有線放送、インターネット配信など無線、有線を問わず、著作物を送信する権利を持っています（著作権法第23条）。インターネットのサーバーに著作物のコンテンツを保管し、利用者がそのサーバーにアクセスし、閲覧やダウンロードによって著作物の送信がされることを、自動公衆送信と言い、著作権者には、サーバーに著作物をアップロードして公衆に送信可能状態にすることができる送信可能化権があります。したがって、WebサイトやSNSに掲載された著作権のあるデータを、ダウンロードして、そのデータをプロバイダーにアップロードし、自らのWebサイトやSNSに掲載する行為は、公衆送信権の侵害になります。

　このように著作権に違反してコンテンツをアップロードすることを**違法アップロード**と言い、10年以下の懲役もしくは1,000万円以下の罰金、またはその両方が科せられます。違法アップロードの罰則は違法ダウンロードより重いものとなっています。

　情報を公開配信する場合には、十分な注意が必要です。

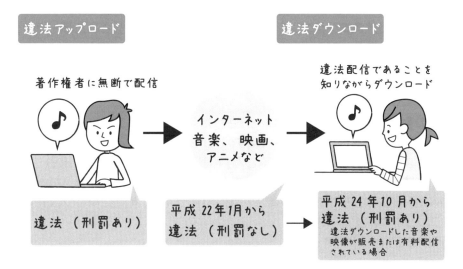

Q&A

Question 91

Webサイトで見つけたお気に入りの動物が写った画像データをダウンロードしてコンピューターのディスプレイの壁紙にしました。この行為は、著作権法上、問題があるでしょうか。

①ある　　②ない

Answer 91

他人の著作物をダウンロードしてコンピューター内に保存する行為は、複製にあたり、複製権の侵害になりますが、使用目的が私的使用の範囲内と考えられるので著作権法で認められた複製と言えます。ただし、出所を明示して使用する必要があります。

②の「ない」が正解です。

Question 92

Webサイトで見つけた写真家の風景写真の画像データをダウンロードして自分のWebサイトに公開しました。この行為は、著作権法上、問題があるでしょうか。

①ある　　②ない

Answer 92

単にダウンロード（複製）したデータを、私的使用の範囲で利用するのであれば、複製権の侵害にはなりません。しかし、サーバーにアップロードし、自らのWebサイトやSNSに掲載する行為は、公衆送信権の侵害になります。

①の「ある」が正解です。

Question 93

著作権のある映像コンテンツを違法に複製し、アップロードされたデータをダウンロードしました。この行為は、著作権法上、問題があるでしょうか。

①ある　　②ない

Answer 93

現在の著作権では、違法アップロードされた音楽、映像コンテンツをダウンローすることは違法とされ罰則が科されます。しかし、その要件として、「そのコンテンツが販売または有料配信されていること」「違法に配信されたものであること」が挙げられています。もし、ダウンロードをした人が「違法なコンテンツだとは知らなかった」ということであれば、違法とはなりませんが、すぐにダウンロードしたコンテンツを削除するべきです。

①の「ある」が正解です。

6-4 著作権の制限

複製を自由にしてよい場合

　著作権者が著作物を使用する際には、著作権者に許諾を得る必要がありますが、著作権法では、一定の条件を満たせば、著作権者に許諾を得ることなく使用できることを定めています（著作権法第30条〜第47条の６）。このように著作権者の権利を制限し、許諾を得ることなく著作物を使用できるようにすることを**著作権の制限**と言います。

　著作権の制限は、文化を発展させる目的のために定められています。著作物を使用するときは、どのような場合であっても、著作権者の許諾を得て、必要であれば著作物の使用料を支払わなければならないとしてしまうと、著作物の公正で円滑な使用が妨げられ、文化の発展に寄与することを目的とする著作権制度の趣旨に反することにもなりかねないと考えられるためです。しかし、著作権者の利益を害さないようにするために、一定の条件が厳密に定められています。

　また、著作権が制限される場合であっても、著作者人格権は制限されないこと（著作権法第50条）、著作権の制限に基づいて複製されたものを目的以外で使用することの禁止（著作権法第49条）、さらに使用にあたっては、原則として出所の明示をする必要があること（著作権法第48条）には、注意しなければなりません。

　ここでは、著作権の制限について、いくつか代表的なものを紹介します。

私的使用目的の複製（著作権法第30条）

　個人的にまたは家庭や家庭に準ずる範囲内で使うためであれば、著作権者の許諾を得ることなく著作物を複製（コピー）して使用することが認められています。ただし、「複製を防ぐための技術的な保護機能（コピープロテクションなど）が付いた著作物の複製」や「違法アップロードされた著作物のダウンロード（複製）」は除きます。

　また、最初は私的使用のつもりで複製したものであっても、その後、例えば仕事などの異なる目的で使用する場合には、著作権者からの許諾が必要になることがあります。私的に複製したからといって、使用方法が自由になるわけではありません。「個人的」または「家庭や家庭に準ずる範囲内」と限られた範囲のみの使用であることが条件です。

　例えば、購入した音楽や映像を編集し、オリジナルCDやDVDを作る、そのデータをコピーして、スマートフォンなどで視聴する、家族にコピーしたものを渡すという行為は認められますが、自分が購入したCDやDVDをコピーして第三者に貸したり、販売したりすることは、複製権の侵害になります。

付随的な著作物の利用（著作権法第30条の2）

　写真を撮影したり、音声を含んだ動画映像を録音、録画する際に、意図せず著作物が入ってしまうことがあります。写り込みと言われるものですが、著作権法では付随的な著作物と言われます。この場合も著作権の制限の対象となり、著作権者の許諾を得ることなく著作物を使用することが認められています。ただし、「分離が困難であること」「軽微な構成部分であること」「著作権者の利益を不当に害しないこと」が条件です。

　例えば、街中で記念撮影をした写真の背景に小さく観光ポスターが写り込んだ場合には、著作権の制限の対象となり、Webサイトなどに掲載しても問題ありませんが、その観光ポスターを撮影対象として撮った写真は、著作権の制限の対象とならず、撮影することとともにWebサイトなどに掲載するためには著作権者の許諾が必要です。

学校その他の教育機関における複製等（著作権法第35条）

　学校およびその他の非営利目的の教育機関では、著作権者の許諾を得ることなく著作物を複製して使用することが認められています。ただし、「教育を担当する者であること」「教育を受ける者であること」「必要と認められる範疇であること」が条件です。

　非営利目的の教育機関が前提ですので、営利を目的としたカルチャースクール、予備校、私塾などは含まれません。また、企業などが主催する研修会やセミナーも学校およびその他の教育機関には含まれません。

　例えば、小学校の授業で使用する教材や発表用の資料を、先生や生徒が著作物を複製して作成することは認められていますが、学校で購入した一冊の参考書を生徒の負担を軽減するため、複製（コピー）して教材として使うことは、著作権者の利益を不当に侵害することになるので著作権の制限は適用されません。

図書館等における複製等（著作権法第31条）

　国立国会図書館および政令で認められた図書館等では、営利を目的としない事業として、一定の条件のもと、著作権者の許諾を得ることなく著作物を複製して使用することが認められています。ただし、「調査研究のためであること」「1人につき1部であること」「著作物の一部分であること」「保存のために必要であること」「他の図書館からの依頼で絶版などの理由で入手することが困難なものであること」が条件です。

　また、国立国会図書館においては原本の滅失、損傷、汚損を避けるため、必要と認められる限度において、著作物を電子化すること（デジタル化の複製）や、電子化した著作物をインターネットで送信することを認めています。

例えば、本一冊すべてをコピーすることや自宅で読んで楽しむためにコピーすることは、認められた行為ではありません。

引用・転載（著作権法第32条）

　公表された著作物は、著作権者の許諾を得ることなく**引用**して使用することが認められています。ただし、「報道、批評、研究などの正当な目的であること」「必然性があること」「引用部分が明示されていること」「正当な範囲内であること」「出所を明示すること」が条件です。

　引用は、自分の意見を補うためのものなので、引用部分や出所が明示されていたとしても、文章の全体の9割が引用であるというような場合には、著作権の制限が適用されない可能性が高くなります。

　国または地方公共団体が作成した白書のような著作物は、**転載**して使用することが認められています。ただし、「一般に周知させることを目的とした資料であること」「転載を禁止することが書かれていないこと」「説明の材料として使用すること」「出所を明示すること」が条件です。

　転載は、他人の著作物をそのまま紹介するものなので、許可が必要です。この点が引用とは大きく異なる点です。

営利を目的としない上演等（著作権法第38条）

　公表された著作物を上演、演奏、上映、口述などする場合で、営利を目的としない場合には、著作権者の許諾を得ることなく著作物を使用することが認められています。ただし、「観客から入場料や観覧料などの料金を徴収しないこと」「上演、演奏、上映、口述する人に報酬が支払われないこと」が条件です。

　例えば、入場料を取らない学校などで行われる演劇上演会や演奏会などは適用されますが、この映像をWebサイトなどで公開することは、公衆送信となるため適用されないので、注意が必要です。

　ほかにも、次のようなケースで著作権の制限が適用されます。

- 検討過程における利用（著作権法第30条の3）
- 視覚障害者等のための複製（著作権法第37条）
- 教科用図書等への掲載（著作権法第33条）
- 公開の美術の著作物等の利用（著作権法第46条）
- プログラムの著作物の複製物の所有者による複製等（著作権法第47条の3）

　円滑に著作物を使用するため、著作権の制限について理解しておくとよいでしょう。

Q&A

Question 94

Webサイトで販売されているアイドルグループの歌と踊りの動画を購入し、DVDにコピーして友人数人に渡しました。この行為は、著作権法上、問題があるでしょうか。

①ある　　②ない

Answer 94

この行為は、「個人的に又は家庭内その他これに準ずる限られた範囲」での私的使用とは言えず、複製権の侵害になります。

①の「ある」が正解です。

Question 95

街中でビデオ撮影を行ったところ、録画した映像の中に音楽が録り込まれてしまいました。この映像をWebサイトやSNSなどで公開する行為は、著作権法上、問題があるでしょうか。

①ある　　②ない

Answer 95

「写り込み」と判断する条件に「分離が困難であること」「軽微な構成部分であること」「著作権者の利益を不当に害しないこと」があります。録り込まれた音楽を聞かせるための映像ではないのであれば、著作権の制限は適用され、著作権者の許諾を得ることなく著作物を使用できます。

②の「ない」が正解です。

Question 96

学校の教員が書店で購入した参考書の一部をコピーして、部活動で使用する教材として生徒に配布しました。この行為は、著作権法上、問題があるでしょうか。

①ある　　②ない

Answer 96

学校で教育を担当する者および授業を受ける者がその授業内で使用する場合は、著作権者の許諾を得ることなく著作物を複製して使用することが認められていますが、部活動での使用は、「授業」ではなく、著作権の制限は適用されません。複製権の侵害になります。

①の「ある」が正解です。

プライバシー権とパブリシティ権

　肖像とは、人の顔つきや姿（容姿）のことで、その容姿を無断で利用されないように主張できる権利が、**肖像権**です。当然ながら肖像に対して権利を持つのは、その肖像の本人です。日本の法律においては、著作権のように明文化された法律がありませんが、多くの判例でその権利が認められています。

　肖像権侵害に対して刑法で罰する規定はありませんが、民事上の責任が発生します。自分が写った写真や映像を展示されたり、WebサイトやSNSなどのインターネット上に無断で公開されたりして、精神的苦痛などの被害や損害を受けた場合には、削除の請求ができ、損害賠償を請求することもできます。

　肖像権には、人格権としての「プライバシー権」と財産権としての「パブリシティ権」という2つの側面があります。

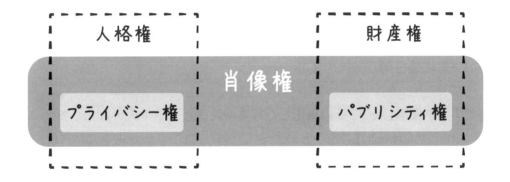

▶ プライバシー権

　肖像権のうち、次の権利を保護するのが**プライバシー権**で、著名人だけでなく一般の人も含めて誰もが持っている権利です。

- **無断で撮影をされないように主張できる権利**
- **撮影された写真、作成された肖像を無断で利用されないように主張できる権利**

　プライバシー権の侵害は、写真や映像など自分や家族の肖像を無断で使用されたことで、あくまでも本人が嫌悪感や恥辱などの精神的ダメージを受けたと感じた場合、行使できる権利です。

❯ パブリシティ権

　肖像権のうち、次の権利を保護するのが**パブリシティ権**で、芸能人やスポーツ選手などの著名人が持っている権利です。個人の肖像にブランド価値や広告としての訴求力を持たない一般の人には、パブリシティ権はありません。

● 肖像の利用による顧客吸引力を無断で利用されないように主張できる権利

　著名人には、その個人の名前や容姿といった肖像だけで、十分な商品価値やブランド価値があり、広告としての訴求力があります。そのため、写真や映像などを無断で使用されたことで、商品イメージやブランドイメージが損なわれ、商品価値やブランド価値に悪影響を与えたと考えられる場合に行使できる権利です。

　著名人の持つパブリシティ権は、財産権の側面もあるため、著作権とも関連が深い権利です。例えば、著名人の写真が掲載されたポスターには、著作物として著作権があることに加えて、肖像権もあります。

　肖像権、特にパブリシティ権を理解する場合には、著作権とともに理解、把握することが大切です。

肖像権の侵害になり得る行為の基準

　無断で他人を撮影したり、その撮影した写真や映像などを本人の許諾を得ず、WebサイトやTwitter、Facebook、LINEなどのSNSに投稿し、撮影された相手に精神的なダメージを与えたりすることを**フォトハラスメント**、**ソーシャルハラスメント**、**SNSハラスメント**と言い、肖像権の侵害となる行為です。

　肖像権の侵害は、本人が精神的なダメージを受けたと感じたかどうかが問題になるので、その基準は人それぞれ異なります。法的にも明確に規定されているわけではないので、あくまでも、本人がどう感じるかの問題ですが、具体的な肖像権の侵害の対象要因として以下のものが挙げられます。

❯ 本人や家族の顔がはっきり認識できるかどうか

　その人物を故意に撮ろうしたのではなく、偶然写真に写り込んだだけであったとしても、その写真や映像を見て、その人物や家族の顔が特定できるものであった場合は、肖像権の侵害の対象となり得ます。顔がぼんやりと写っている程度で特定できない場合や顔が写っていない場合、写っているけれどもわずかな時間だった場合には、肖像権の侵害の対象となる可能性が低くなります。

本人や家族がメインの被写体かどうか

写真や映像の中で、その人物や家族がメインの被写体であった場合は、肖像権の侵害の対象となり得ます。もし、風景や建造物の方がメインの被写体となっている場合には、肖像権の侵害の対象となる可能性が低くなります。

本人の許諾を得ているかどうか

肖像権の権利者である被写体から撮影や公開について許諾を得ている場合には、肖像権侵害になりませんが、許諾を得ていない撮影やその人物や家族が映っている写真や映像を公開することは、肖像権の侵害の対象となり得ます。公開には、WebサイトやSNSなどのインターネット上への公開だけでなく、展示などの掲示も含まれます。

撮影と公開は、別の行為にあたるのでそれぞれについての許諾が必要です。たとえ撮影の許諾があったとしても、公開の許諾がないまま公開を行えば、肖像権の侵害の対象となり得ます。

撮影された場所がどこか

その写真や映像がどこで撮られたものかによっても、判断が異なります。観光地やイベント会場などカメラやビデオカメラなどで撮影されることが十分に予測できる場所で撮影された写真や映像に写り込んでいた場合には、本人の許諾を得ない場合でも、肖像権侵害にならない可能性が高くなります。

拡散性が高いかどうか

WebサイトやSNSなどのインターネット上での公開、テレビなどマスメディアでの公開、展示会などでの公開など、その肖像物が不特定多数の人の目に触れる可能性が高い場合には、肖像権の侵害の対象となり得ます。

肖像権の侵害を防ぐための対応

肖像権の侵害を防ぐ方法は、許諾を得ることです。許諾を得ていない場合でも撮影や公開ができる場合もありますが、原則は撮影または公開を行う前に許諾を得ることです。

許諾を得る場合には、次の2つの点を考えましょう。

- 「肖像権使用同意書」のような書面などで許諾を得る
- 許諾の範囲（撮影や公開の方法や目的など）を明確にする

「書面」には、メールも含まれます。なんらかの形に残るものであれば問題ありません。もし、許諾を得た撮影方法や公開方法とは異なった方法での撮影や公開、異なった目的での使用をする場合には、許諾を取り直す必要があります。

肖像権の侵害を受けた時の対応

肖像権の侵害を受けたと感じた場合は、次のことを行うことができます。

＞対象となる肖像物の削除（差止請求）

肖像権の侵害行為を行った者に不正行為（肖像の展示や公開）の停止を要求することができます。インターネット上に公開されている場合は、時間とともに拡散されてしまう可能性が高く、時間が経てば経つほど被害が大きくなるので、できる限り早く対応するべきです。

＞損害賠償請求

肖像権の侵害行為によって精神的苦痛を受けたと感じた場合、肖像権の侵害行為を行った者に慰謝料を請求することができます。

肖像権の侵害では、民事責任を問うことはできても、刑事責任を問うことはできません。したがって、基本的に警察では対応できません。肖像権の侵害で侵害行為を行った者とトラブルが生じた場合は、速やかに弁護士に相談することをおすすめします。

Q&A

Question 97

　プライバシー権は芸能人などの著名人や名声の高い人に与えられた権利で、一般の人はプライバシー権の対象にはなりにくいと考えてよいでしょうか。

①はい　　②いいえ

Answer 97

　プライバシー権はパブリシティ権とは違って、一般の人も著名人も持っています。
②の「いいえ」が正解です。

Question 98

　肖像権は日本の法律で明文化されておらず、この権利は日本ではまだ認められていないと考えてよいでしょうか。

①はい　　②いいえ

Answer 98

　肖像権は日本の法律で明文化されていませんが、多くの判例でその権利は認められています。
②の「いいえ」が正解です。

Question 99

　街中で見つけた著名人の写真を撮影し、自分のSNSに公開しました。この行為は、著作権法上、問題があるでしょうか。

①ある　　②ない

Answer 99

　著作権は撮影者にあるので、著作権法上の問題はありません。しかし、著名人の場合には肖像権（パブリシティ権）の侵害になる可能性があります。撮影する際に本人に許諾を得るか、パブリシティ権の権利者に許諾を得る必要があります。
②の「ない」が正解です。

Question 100

　友達の寝顔をアップで撮影し、SNSに公開したところ、削除するように要求されました。この行為が問題となる権利は、次のうちどれでしょうか。

①プライバシー権　　②パブリシティ権　　③著作権　　④商標権

Answer 100

　友人の写真であっても、本人と認識できる写真であり、本人が嫌悪感や恥辱で精神的なダメージを受けたのであれば肖像権（プライバシー権）の侵害になります。
①の「プライバシー権」が正解です。

著者略歴

定平 誠（さだひら まこと）
1959年東京生まれ　工学博士
現在、尚美学園大学　大学院　芸術情報研究科　情報表現専攻　教授

大学院では、メディアコミュニケーション論、ネットワークビジネス応用研究を担当。研究室では委託事業や委託研究を通じてPBL（Project-Based Learning）教育を実施。フィールドワーク活動を通じて現場のスタッフと協同作業を行うことで、学生の自発的な学習を促し実践かつ創造性のある教育を行っている。また、情報関連書籍の執筆活動のほか、動画を中心としたウェブプロモーション、ウェブコンテンツや電子書籍の企画・制作を行っている。
主な著書に「基本情報処理合格教本」「図解チャート よくわかる実習「情報」」「例題50＋演習問題100でしっかり学ぶ Word/Excel/PowerPoint標準テキスト」「Word Excel PowerPoint ステップアップラーニング」「親子で楽しむ9歳からのインターネット」（以上、技術評論社）などがある。

●カバーデザイン　　釣巻デザイン室（内山絵美）
●カバーイラスト　　伊藤彩恵子
●本文デザイン　　　有限会社エレメネッツ
●本文イラスト　　　イシカワジュンコ
●本文レイアウト　　長谷川享（技術評論社）

【改訂第2版】
例題100でしっかり学ぶ
メディアリテラシー標準テキスト
メディアとインターネットを理解するための基礎知識

2023年 1月 3日　初版　第1刷発行
2024年 2月17日　初版　第2刷発行

著者　　　　　定平 誠
発行者　　　　片岡 巌
発行所　　　　株式会社 技術評論社
　　　　　　　東京都新宿区市谷左内町21-13
電話　　　　　03-3513-6150　販売促進部
　　　　　　　03-3513-6166　書籍編集部
印刷・製本　　図書印刷株式会社

お問い合わせについて

● 本書に関するご質問については、本書に記載されている内容に関するもののみとさせていただきます。本書の内容と関係のないご質問につきましては、一切お答えできませんので、ご了承ください。
● 本書に関するご質問は、FAXか書面にてお願いいたします。電話でのご質問にはお答えできません。
● 下記のWebサイトでも質問用フォームを用意しておりますので、ご利用ください。
● お送りいただいたご質問には、できる限り迅速にお答えできるよう努力いたしておりますが、場合によってはお答えするまでに時間がかかることがあります。また、回答の期日をご指定なさっても、ご希望にお応えできるとは限りません。
● ご質問の際に記載いただいた個人情報は、質問の返答以外には使用いたしません。また返答後は速やかに削除させていただきます。

お問い合わせ先
〒162-0846
東京都新宿区市谷左内町21-13
株式会社技術評論社　書籍編集部
「【改訂第2版】例題100でしっかり学ぶ メディアリテラシー標準テキスト」係
FAX：03-3513-6183
Webサイト：https://gihyo.jp/book/2023/
　　　　　　978-4-297-13271-2

こちらからもアクセスできます。▶